黄瓜全产业链提质增效关键技术

焦圣群　王　鹏　刘懿萱　徐　丹　主编

中国农业科学技术出版社

图书在版编目（CIP）数据

黄瓜全产业链提质增效关键技术／焦圣群等主编.-- 北京：中国农业科学技术出版社，2025.7.-- ISBN 978-7-5116-7557-6

Ⅰ.S642.2

中国国家版本馆 CIP 数据核字第 2025CV2763 号

责任编辑　崔改泵
责任校对　李向荣
责任印制　姜义伟　王思文

出 版 者	中国农业科学技术出版社
	北京市中关村南大街 12 号　　邮编：100081
电　　话	（010）82109194（编辑室）　　（010）82106624（发行部）
	（010）82109709（读者服务部）
网　　址	https://castp.caas.cn
经 销 者	各地新华书店
印 刷 者	北京科信印刷有限公司
开　　本	148 mm×210 mm　1/32
印　　张	7.125
字　　数	205 千字
版　　次	2025 年 7 月第 1 版　2025 年 7 月第 1 次印刷
定　　价	50.00 元

版权所有·翻印必究

《黄瓜全产业链提质增效关键技术》
编 委 会

主　编：焦圣群　王　鹏　刘懿萱　徐　丹
副主编：杜庆福　刘雪平　张现增　于素华
　　　　唐　鹏　王金田　刘　林
编　者：冷　鹏　李朝恒　顾召帅　李际会
　　　　曹荣利　李宝庆　吕慎宝　董伟伟
　　　　张　磊　王　军　王胜清　虞海天
　　　　赵桂民　李庆国　崔晓梅　杨加鑫
　　　　杨加亮　刘学明　刘艳飞　王钦林
　　　　董慧颖　王鲁晓　李　勇

目录

第一章　黄瓜产业概述 ………………………………… 1
　第一节　黄瓜的历史与栽培现状 ………………………… 1
　第二节　黄瓜行业未来的发展前景 ……………………… 8
第二章　黄瓜生物学特征 ……………………………… 11
　第一节　黄瓜的生物学性状 ……………………………… 11
　第二节　黄瓜的生育周期 ………………………………… 19
　第三节　黄瓜对环境条件的要求 ………………………… 21
　第四节　黄瓜常用品种介绍 ……………………………… 27
第三章　育苗嫁接技术 ………………………………… 39
　第一节　育苗与嫁接 ……………………………………… 39
　第二节　嫁接后的苗床管理 ……………………………… 47
第四章　栽培技术 ……………………………………… 51
　第一节　日光温室栽培 …………………………………… 51
　第二节　塑料大棚栽培 …………………………………… 60
　第三节　露地栽培 ………………………………………… 68
第五章　黄瓜病虫害防治技术 ………………………… 75
　第一节　侵入性病害 ……………………………………… 75
　第二节　非侵入性病害 …………………………………… 108
　第三节　黄瓜虫害 ………………………………………… 123
第六章　黄瓜的采收与商品化处理技术 ……………… 143
　第一节　黄瓜采收 ………………………………………… 143

— 1 —

第二节　采后分级与包装 …………………………………… 146
　　第三节　冷链物流及保鲜技术 ……………………………… 153
第七章　黄瓜加工技术与产业发展 ………………………………… 159
　　第一节　黄瓜加工产业概述及加工技术 …………………… 159
　　第二节　黄瓜加工产业国际经验与中国路径 ……………… 185
第八章　黄瓜全产业链提质增效模式构建 ………………………… 191
　　第一节　"三链协同"提质增效模式构建 ………………… 191
　　第二节　山东寿光黄瓜产业联合体的创新实践 …………… 196
　　第三节　"沂南黄瓜"生态共富模式探索 ………………… 200
附录一　温室大棚黄瓜生态调控防黄化技术 ……………………… 205
附录二　"混土施药，一施两防"蔬菜病虫防治技术 …………… 209
附录三　D19 使用方法简介 ………………………………………… 213
附录四　设施黄瓜"高畦宽行"高光效群体宜机化栽培
　　　　技术 ………………………………………………………… 215
附录五　我国禁止使用和限制使用的农药目录 …………………… 219

第一章　黄瓜产业概述

第一节　黄瓜的历史与栽培现状

一、黄瓜的起源与历史

(一) 起源地考证

黄瓜（学名：*Cucumis sativus* L.）的起源地可追溯至南亚次大陆的喜马拉雅山脉南麓热带雨林地区。植物学家 J. F. Royle 于 1835 年在尼泊尔山麓首次发现野生黄瓜（定名为哈氏黄瓜），而我国科研人员于 20 世纪 80 年代在西双版纳也发现了野生黄瓜变种。学界普遍认为，黄瓜的原生起源中心为印度东北部至缅甸北部的区域，其栽培历史可追溯至公元前 3000 年的印度河流域，随后通过雅利安人迁徙传播至西亚、北非及欧洲。

(二) 传播与引入中国

黄瓜的全球化传播始于古代贸易与文化交流。印度栽培黄瓜后，经两条主要路径传入中国。

陆路传入：西汉张骞出使西域（公元前 2 世纪），通过丝绸之路从西亚波斯引入中国北方，形成华北系黄瓜品种。北魏贾思勰

《齐民要术》中记载的"胡瓜"即为此类。

海路传入：从印度经东南亚沿海传入中国华南地区，形成华南系黄瓜品种，其果实形态与华北系略有差异。

（三）名称演变与文化避讳

黄瓜最初因从西域传入被称为"胡瓜"。名称的变更与政治文化密切相关。

后赵时期：羯族皇帝石勒忌讳"胡"字，臣子樊坦在应对时以"黄瓜"代称，避讳保命，此名被短暂使用。

隋朝定型：隋炀帝也忌讳"胡"字，于大业四年（608年）下令改"胡瓜"为"黄瓜"，并沿用至今。唐代文献《大业杂记》记载了这一官方更名事件。

（四）栽培历史与技术发展

早期栽培：自汉代引入后，黄瓜主要在北方种植，北魏《齐民要术》首次记载其栽培方法，称"胡瓜"，采用直播法，农历四月播种。

唐宋时期：唐代宫廷利用温泉温室技术实现早熟栽培，王建《宫词》中提及"二月中旬已进瓜"，表明黄瓜曾是皇家贡品。宋代开始普及至民间，陆游诗中描绘了田园采摘黄瓜的场景。

元明清创新：元代扩展了防虫技术，明清时期出现反季节栽培，如明代《致富奇书》记载福建地区二月食瓜，清代《京都竹枝词》描述反季黄瓜"价比人参"，凸显其珍贵。

现代发展：20世纪60年代，塑料薄膜覆盖技术推广，设施栽培面积激增。21世纪以来，水肥一体化、无土栽培及智能温室技术广泛应用，推动中国黄瓜年产量突破6 000万t，占全球总产量的80%以上。

（五）历史影响与地位

黄瓜的引入不仅丰富了中国的蔬菜种类，更推动了农业技术的革新。从贡品到平民化，其栽培史反映了古代农业从经验积累到科学管理的转变。丝绸之路的开辟与中外交流的深化，使黄瓜成为东西方文明互鉴的象征之一。

二、黄瓜的营养价值与市场需求

（一）黄瓜的营养价值

黄瓜是广泛种植的一种蔬菜，具有丰富的营养价值。其主要营养成分如下。

水分：黄瓜含水量高达95%以上，是低热量食品，适合减肥和保持水分平衡，是天然补水佳品。

维生素：黄瓜富含维生素C、维生素K和维生素A，有助于增强免疫力、促进血液凝固和保护视力。

矿物质：黄瓜含有钾、镁和硅等矿物质，有助于维持心脏健康、肌肉功能和皮肤弹性。

抗氧化剂：黄瓜中的抗氧化剂如β-胡萝卜素和类黄酮，有助于抵抗自由基，延缓衰老。

膳食纤维：黄瓜皮含有丰富的膳食纤维，有助于促进消化和预防便秘。

现代研究表明，黄瓜提取物中的"葫芦素C"具有抗炎、抗癌活性，而硅元素可促进胶原蛋白合成，延缓皮肤衰老。

（二）黄瓜的市场需求

黄瓜因其营养丰富、口感清爽和多用途的特性，在全球范围内具有广泛的市场需求。以下是黄瓜市场需求的主要驱动因素。

健康饮食趋势：随着消费者对健康饮食的关注增加，黄瓜作为低热量、高水分的健康食品，受到越来越多人的青睐。2022年，全球鲜食黄瓜市场规模达420亿美元，年复合增长率4.5%。

多样化消费：黄瓜不仅可以直接食用，还可用于制作沙拉、腌制、榨汁等多种食品，满足了消费者对食品多样化的需求。腌黄瓜（Pickles）占据加工市场60%的份额，其他如黄瓜汁、黄瓜面膜、黄瓜脆片等新兴产品增长迅猛。

全年供应：现代温室种植技术的发展使黄瓜能够全年供应，满足了市场对新鲜蔬菜的持续需求。

出口市场：黄瓜在国际市场上也有较大的需求，尤其在欧洲、北美和亚洲等地区，黄瓜的进口量逐年增加。2023年，中国黄瓜出口量达120万t，主要销往日本、韩国及东南亚。欧盟市场对有机黄瓜需求量年增12%。

加工产品：黄瓜加工产品如腌黄瓜、黄瓜汁等，也在市场上占据一定的份额，进一步推动了黄瓜的需求。

黄瓜不仅具有丰富的营养价值，还在全球市场上具有广泛的需求。随着健康饮食趋势的持续发展和农业技术的进步，黄瓜的市场前景将更加广阔。

三、黄瓜产业链的基本构成

黄瓜产业链是指从黄瓜的种植、加工、流通到最终消费的各个环节所构成的完整链条。该产业链主要包括以下几个基本环节。

（一）种植环节

种植环节是黄瓜产业链的起点，主要包括种子选择、育苗、田间管理、病虫害防治、采收等步骤。种植环节的技术水平和管理能力直接影响黄瓜的产量和品质。

种子选择：选择适合当地气候和土壤条件的优质黄瓜品种。

育苗：通过温室或大棚进行育苗，确保幼苗的健康生长。

田间管理：包括施肥、灌溉、除草等日常管理工作。

病虫害防治：采用生物防治、化学防治等方法，减少病虫害对黄瓜生长的影响。

采收：根据黄瓜的生长周期，适时采收，确保黄瓜的新鲜度和品质。

（二）加工环节

加工环节是将采收后的黄瓜进行初步处理或深加工，以延长其保质期或增加附加值。加工环节主要包括清洗、分级、包装、腌制（制作）、罐装等步骤。

清洗和分级：对采收后的黄瓜进行清洗，去除杂质，并按大小、品质进行分级。

包装：采用适当的包装材料和方法，保护黄瓜在运输和储存过程中不受损伤。

腌制和罐装：将黄瓜加工成腌制品或罐装产品，满足不同消费者的需求。

（三）流通环节

流通环节是将加工后的黄瓜产品从生产地运送到消费地的过程。流通环节包括仓储、运输、批发、零售等步骤。

仓储：在适宜的温度和湿度条件下储存黄瓜，保持其新鲜度。

运输：采用冷链运输等方式，确保黄瓜在运输过程中不受损坏。从采收至零售全程温度控制在10℃以下，损耗率可以从30%降至8%。

批发和零售：通过批发市场和零售渠道，将黄瓜产品分销到各个销售终端。

（四）消费环节

消费环节是黄瓜产业链的最终环节，涉及消费者购买和食用黄瓜产品的过程。消费环节的市场需求和消费习惯直接影响黄瓜产业链的各个环节。

市场需求：消费者对黄瓜产品的需求量和品质要求。

消费习惯：消费者对黄瓜产品的购买习惯和食用方式。

黄瓜产业链的各个环节相互依存，共同构成了一个完整的产业链。每个环节的效率和质量都直接影响整个产业链的运作和最终产品的市场竞争力。通过优化各个环节的管理和技术水平，可以提高黄瓜产业链的整体效益和市场竞争力。

四、当前黄瓜产业面临的主要问题

黄瓜作为全球重要的蔬菜作物之一，其产业发展面临多重挑战。本节从生产、流通、市场及可持续发展等维度，系统分析当前制约黄瓜产业高质量发展的核心问题。

（一）品种选育与种植技术瓶颈

（1）种质资源创新不足。主栽品种同质化严重，国内主栽品种80%依赖"津研""中农"系列，抗逆性品种研发滞后，难以应对极端气候频发带来的挑战。

（2）设施栽培技术参差不齐。水肥一体化、环境智能调控等关键技术普及率不足，单位面积产量较发达国家低15%~20%。

（3）连作障碍突出。土壤酸化、盐渍化及土传病害发生率高达60%，导致生产成本增加10%~15%，减产20%~30%。

（二）病虫害综合防控压力

（1）病害威胁加剧。霜霉病、靶斑病等病害年发生率超过

75%，新型病毒病（如黄瓜绿斑驳花叶病毒）呈扩散趋势，导致年损失超 50 亿元。

（2）化学防治依赖度过高。部分产区农药用量超安全标准 2~3 倍，导致产品农残超标风险及生态环境压力。2022 年抽检中，8.5%的样品检出啶虫脒超标。

（3）生物防治技术推广滞后。天敌昆虫、微生物菌剂等绿色防控技术覆盖率不足 30%。

（三）产业链协同效能不足

（1）采后处理体系薄弱。预冷、分级包装等商品化处理比例低于 40%，运输损耗率高达 25%~30%。

（2）加工转化率低下。深加工产品仅占产量的 5%~8%，远低于荷兰（40%），附加值开发不足。

（3）产销衔接机制缺失。小生产与大市场矛盾突出，价格波动幅度常超过 50%。

（四）资源环境约束趋紧

（1）水资源利用效率低。传统沟灌方式仍占主导，水分生产率较滴灌技术低 40%~60%。

（2）劳动力结构性短缺。人工成本占比升至 45%以上，机械化采收技术尚未突破。

（3）碳排放压力显现。设施生产能耗强度达露地栽培的 3~5 倍，碳中和目标下转型压力显著。

（五）国际竞争与贸易壁垒

（1）出口质量标准升级。主要进口国农残检测项目增至 400 余项，技术性贸易措施导致通关合格率下降 12%~15%。

（2）品牌建设滞后。具有国际竞争力的自主品牌缺失，出口产品溢价能力不足。

（3）种业安全风险凸显。进口杂交种占有率持续攀升至65%，种源"卡脖子"问题亟待破解。

第二节 黄瓜行业未来的发展前景

黄瓜在我国栽培发展时间长，整体产业链供给较为完备，主要种植成本集中在化肥、农业和人工等方面。随着全球农业技术的不断进步和消费者对健康食品需求的增加，市场对黄瓜的需求量也在不断增加，同时随着农业产业结构的调整及经济的快速发展，中国黄瓜的栽培茬口划分不断细化，种植面积迅速扩大、产能不断提升，品种不断丰富，在国际黄瓜品种资源中占据着越来越重要的地位，黄瓜行业在未来几年内有望迎来新的发展机遇。

一、技术创新驱动产业升级

未来，黄瓜行业的发展将更加依赖于技术创新。随着精准农业、智能温室、物联网（IoT）和大数据等技术的广泛应用，黄瓜种植将实现更高的产量和更优的品质。黄瓜种植技术将得到进一步提升。包括种植技术、病虫害防治、保鲜技术等方面的创新，例如，智能温室可以通过实时监控环境参数（如温度、湿度、光照等），自动调节种植条件，从而提高黄瓜的生长效率和抗病能力。新的种植技术、设施农业和水肥一体化等都可以提高黄瓜的品质和产量。此外，基因编辑技术的进步也有望培育出抗病虫害及耐逆性更强的新品种，进一步提升黄瓜的市场竞争力。然而，黄瓜种植对土地和水资源的需求较高，资源短缺可能成为限制市场进一步发展的因素。

二、市场需求推动多样化发展

随着消费者对健康饮食的关注度不断提高,黄瓜作为一种低热量、高营养的蔬菜,市场需求将持续增长。未来,黄瓜产品的多样化将成为行业发展的重要趋势。除了传统的鲜食黄瓜,黄瓜深加工产品的种类将更加丰富,如黄瓜汁、黄瓜干、黄瓜酱等,这些深加工产品将进一步拓宽黄瓜市场,满足消费者的多样化需求。此外,有机黄瓜和无公害黄瓜的市场份额有望进一步扩大,满足消费者对食品安全和健康的高要求。

三、可持续发展成为行业重点

在全球气候变化和资源紧张的背景下,可持续发展将成为黄瓜行业的重要发展方向。未来,黄瓜种植将更加注重节水、节能和减少化学农药的使用,采取环保、资源循环利用等措施,减少对环境的负面影响,提高社会责任感和形象。例如,水肥一体化技术的推广将有效提高水资源的利用效率,减少化肥的流失。同时,生态农业和循环农业模式的引入,将有助于减少黄瓜种植对环境的负面影响,推动行业的绿色转型。

四、政策支持助力行业成长

黄瓜行业市场呈现出积极的发展态势,未来仍有巨大的发展潜力。各国政府对农业的扶持政策将为黄瓜行业的发展提供有力保障,未来,政府可能会加大对农业科技研发的投入,鼓励企业采用先进的种植技术和管理模式。比如为降低黄瓜种植过程中的风险,国家鼓励农业企业和农民参加农业保险。通过农业保险,可以为黄瓜种植过程中的自然灾害和病虫害等风险提供保障,降低农民的经济损失。此外，农产品质量安全监管体系的完善也将为黄瓜行业的健康发展提供保障。通过政策引导和支持，黄瓜行业有望实现规模化、标准化和品牌化发展，进一步提升国际竞争力。

五、国际市场拓展带来新机遇

随着全球化进程的加快，黄瓜行业的国际市场拓展将成为未来发展的重要方向。通过加强国际合作，黄瓜种植企业和加工企业可以借鉴国外的先进技术和管理经验，提升自身的生产水平和产品质量。同时，随着"一带一路"倡议的推进，中国黄瓜出口市场有望进一步扩大，特别是在东南亚、中东和欧洲等地区，黄瓜产品的需求量将持续增长。

综上所述，黄瓜行业在未来将迎来广阔的发展前景。技术创新、市场需求、可持续发展、政策支持及国际市场拓展将成为推动行业发展的关键因素。通过不断优化种植技术、提升产品质量、拓展市场渠道，黄瓜行业有望在全球农业市场中占据更加重要的地位。

第二章　黄瓜生物学特征

黄瓜起源于喜马拉雅山南麓的热带森林温湿地区。原产地气候温和湿润，雨量充沛，土壤腐殖质含量高，保水能力强，但土层较薄，光照差，黄瓜只有沿树干上升才能争取阳光。因此，黄瓜在长期的系统发育中形成了固有的性状和特性及其对环境条件的要求。

第一节　黄瓜的生物学性状

一、根系

黄瓜的根系由主根和侧根两部分组成。在土层深厚、土壤结构良好、有机质丰富的条件下，主根入土较深，可达 80~100cm，侧根横向延伸，集中于植株周围 30cm 左右范围内，分布在表土以下 15~20cm 处，因此人们称黄瓜为浅根作物。

黄瓜的主根是由种子发芽首先伸出的胚根生长发育而成的。胚根伸出种子后为幼根，一般伸出 5~6d 后幼根上发生侧根。在土壤较疏松和水分较充足的情况下，幼根生长的快慢和发生侧根的多少与土壤温度关系最大，温度高则幼根生长快，发生侧根数量多，根的颜色洁白而鲜嫩，经 35d 左右根长可达 30cm 以上，根系健壮，地上部分也生长良好；温度低则幼根生长缓慢，发生侧根数量少，颜色暗褐色，根的长度短，根系细弱，地上部分生长弱且缓慢。黄瓜从播种到植株有4~5片展开真叶时定植时为幼苗期，此期根系生长的好坏对以后植株的生长发育影响极大。所以根系在幼苗期生长发育的优劣，不仅决定着幼苗的壮弱，而且还关系到以后植株的长势和产量的高低。

黄瓜的根系属弱根系，对外界环境反应敏感，当土壤缺水或肥料浓度过高时，根系会出现早衰或死亡。当土壤湿度过大、温度过低时，根系会发生腐烂。根系不发达，侧根数少而短，则植株地上部茎节矮小，茎端生长点不旺盛，在结果前期出现"花达顶"。根系发生腐烂或沤根时，地上部分就出现萎蔫或枯萎。黄瓜根系有喜温、喜湿、好气、不耐高浓度土壤溶液等特性。

黄瓜易产生不定根，嫁接的黄瓜苗在育苗或定植时，如果栽植偏深而把接口处埋入土壤中，或整架落蔓时茎蔓着地接触土壤，往往因接穗的茎节处产生不定根而扎入土壤中，失去嫁接防病的意义。

黄瓜的主根木栓化较早，断根后再生能力较差，因此不可在秧苗过大时定植，且要尽可能减轻伤根。

二、茎蔓

黄瓜的茎是蔓生性，故也称为蔓。茎的长度因品种类型而异。晚熟品种一般茎蔓较长，可达3m以上；早熟品种一般茎蔓较短，有的短到1m左右。长蔓品种一般侧枝较多，甚至有第2分枝；短蔓品种一般不发生侧枝。黄瓜的中早熟品种、中熟品种、中晚熟品种和晚熟品种茎蔓一般较长，侧枝发生得较多；极早熟品种和早熟品种茎蔓一般较短，且没有侧枝或有很少侧枝。但茎蔓的长短也与栽培管理条件有关。茎蔓的粗度是判断植株长势的依据。健壮的黄瓜苗茎粗，节间较短，叶片肥大，根系发达。决定茎蔓粗度的关键时期是幼苗期。如果茎部已达到停止生长阶段，外界条件再好，也难以增加茎的粗度。

黄瓜的子叶节以下至地面的茎叫下胚轴。幼苗期的下胚轴也称为幼茎，其高度最好在 3cm 以内。如果在育苗过程中幼苗过密，水分过大，温度过高，就会产生幼茎过长而细的现象。在以黑籽南瓜为砧木，以黄瓜为接穗，用靠接法嫁接黄瓜时，黑籽南瓜的种子粒大故生成的幼茎较粗，而黄瓜的种子粒小，故生成的幼茎较细。为缩小这两种瓜苗幼茎粗度的差距，除采取黑籽南瓜播种的密度大，提供的水分和温度充足，促使其生长得较细较高外，还要对黄瓜适当提前播种，适当稀播，控温控水，防止徒长而使幼茎长得过高，促使幼茎增加粗度。

黄瓜的主茎节间长度在 5~6 节之间较短，在 5~6 节以上节间长度越往上越长。温度越高，水分越大，光照越弱，节间就越长。如果出现"龙头"顶（顶端不开展），生长不旺盛，就是因缺乏水分、养分所致；如果开花结瓜前期或中期出现"花打顶"现象，是因为大苗期或开花前期受干旱所致。对这两种干旱早衰现象，应及早补救。

三、叶

黄瓜的叶分为子叶和真叶。子叶的大小和厚薄与根系发育过程以及幼茎的粗细有密切关系。健壮的幼苗子叶肥大，幼茎粗，根系发达。子叶面积增大期为出土后 8~10d。决定子叶面积大小的因素，主要是种子饱满程度、土质营养、温度和水分。在冬春茬黄瓜栽培中，因播种育苗期正处在严冬季节，往往因温度低，产生子叶瘦小的老小苗，直接影响幼苗发育成长。所以，在生产中应选用成实饱满的种子，采取营养土苗床育苗，并掌握适宜的土壤湿度和较高的育苗温度，使子叶肥大，并延长寿命，为培育壮苗奠定基础。

黄瓜的真叶叶片较薄，出苗后 8~10d 生出第 1 片真叶，以后随着茎的伸长，在每一节产生一片真叶，叶序互生，从第5~6片真叶往上，叶片面积逐片加大。叶片生长在由茎节处伸出的叶柄上，呈掌状五角形，有5条主脉和大量支脉，把根系从土壤中吸收的水分和无机盐类养分输送到叶片支脉间的细胞中。叶柄的长度因品种和外界环境条件的不同而异。一般大型果实品种，水分充足，湿度较高时，叶柄较长。叶片和叶柄上均有刺毛，健壮的叶片刺毛较硬。叶片是植株进行光合作用制造有机物质的主要器官，因此全株总叶面面积的大小，可说明营养物质制造的多少。叶面积的动态规律是前期小，中期逐渐加大，植株生长最旺盛时期叶面面积最大，盛期以后叶面积逐渐减小。

叶片对外界环境条件的反应很敏感，因此，从叶片的表现可判断植株的生长发育状况和症状。

当第1片真叶展开后，如叶肉总不见加厚，叶色总是浅黄，一般是底水浇得过多和地温较低所致。

在幼苗期，真叶边缘上出现白色的窄边，并向上卷起，是因突然遇到低温伤害或中午大棚高温时开窗通风导致叶片受寒，待温度恢复后叶缘细胞已死亡而形成的。

叶缘部分枯死，枯死部分为枯黄色，其余部分也缺少光泽，这是基肥用量过多，特别是施用了未经发酵腐熟的有机肥料，肥料发酵使地温升高，加之土壤溶液浓度过大，使植株组织内水分外流所致。

叶缘和各条叶脉之间的部分出现像开水烫过的伤痕，伤痕先软后变黑枯并伴有灰绿色，这是因为施用了未发酵的有机肥料，肥料在发酵中放热放气，不仅提高了地温，而且放出的气体中有氨和二氧化硫、二氧化氮等毒气，在棚室通风换气较差的情况下，叶片受到毒害而出现的症状。

定植后叶面积增长缓慢，颜色深绿，缺少光泽，叶面上有皱褶，茎生长点很小，这是水分供应不足或蹲苗期控水太严所致。

定植后叶面积增长过快，叶片很薄，叶色很浅，节间细长，这是因浇水过多或过勤和缺速效肥料所致。

在黄瓜生育的前半期常出现的几种叶片不正常的症状有以下几点：一是叶片小，叶色深绿，生长慢，节间短。这种现象在温度低、水分少的情况下易发生。二是叶面积大，叶尖不伸展，无光泽，茎顶端不伸展。这是温度过高和干旱造成的。三是叶片很大，横向幅度大于纵向，且叶面有皱褶，叶缘向叶背卷曲，叶脉两侧的叶面凹凸不平，这种现象往往易在高湿低温条件下发生。四是叶柄正常而叶片长，并向下低垂，组织脆嫩，易被伤断，且茎节细长。这种现象在高温多湿情况下易发生。

在黄瓜生育后期，下部叶片变黄，脱落早，这种现象在大棚中较常见，原因是在温度过高和土壤过湿的条件下，叶片呼吸作用旺盛，储存于叶内的营养物质被大量消耗，根系因土壤水分过多而呼吸受阻，减少了对叶片的养分供应所致。尤其是染过霜霉病的下部叶片，由于叶面组织被破坏，引起下部叶片早落的现象更为严重。

四、花

黄瓜的花基本上是雌雄同株异花，但有3种类型，即雄花、雌花、两性花。雄花有雄蕊5枚，其中4枚两两连生，1枚单生。雄蕊合抱在花柱的周围，花柱侧裂散出花粉。雌花的花柱较短，柱头三裂，下位子房，有蜜腺。两性花是同一朵花中有雌雄两种器官。按黄瓜花的性别可分为7种性型的植株：雌雄同株、雌性株、雄性株、雌全同株、雄全同株、雌雄全同株、完全花株。目前生产中实际应用的是雌雄同株型。花的性别除决定于遗传因素外，受环境条件的影响也很大。如同一品种，棚室栽培的就比露地栽培的雌花数多、雄花数少。生产中可以通过调节光照、温度、营养条件来增加雌花数量，也可以利用乙烯利等植物生长调节剂增加雌花数量。通过增加雌花数来增加产量，尤其能增加前期产量。

黄瓜的花着生于叶腋，为黄色。开花顺序由下而上，开花节位越低，早熟性越强，这是选择早熟品种的依据。黄瓜开花的时间一般在清晨6时前后，花的寿命很短，于当日中午前后即可结束。花粉的寿命在自然状态下4~5h即失去活力，一般在15℃开始开花，17℃时开花药，最适开花温度为18~21℃。在棚室内栽培的黄瓜，花粉发芽的最适温度为17~25℃，最低温度为10℃，最高温度达40℃。

  黄瓜是虫媒花植物，自然生长状态下花粉的传播依靠昆虫进行，主要靠蜜蜂传粉。因此，在繁育黄瓜良种时，要采取隔离措施，一般距离为500~1 000m以外，隔离的远近视具体情况而定。由于昆虫随天气变化进行活动，当早春第1朵雌花开放时，如天气较凉，昆虫活动受到影响，第1瓜果结的种子就很少。在夏季天气炎热干燥时，则因花粉落在柱头上以后不太容易发芽，雌花受精受到一定程度限制，所以不易得到充实的种子。在棚室内栽培黄瓜，因很少或无昆虫传粉，所结的黄瓜没有经过受精，是单性果实，即使老熟了，果实内中腔也无种子，这种现象叫做单性结实性，也称为单性结果。因此，大棚黄瓜繁育时必须进行人工授粉。

五、果实

  黄瓜的果实是由子房和花托发育而成的，植物学上叫做假浆果，又叫做瓠果。因品种不同，其果实长短不一，大的长达60~100cm，小的只有十几厘米。如宁阳大刺瓜和津研号黄瓜的果实都较大，而东北叶儿三、日本地黄瓜、俄罗斯黄瓜等极早熟地方品种的果实多较短小。果实的表皮多种多样，有无棱、有棱、大棱、小棱和无刺、有刺、大刺、小刺、果刺、白刺、毛刺、瘤刺、混合刺毛之分，也有稀刺、密刺和厚皮、薄皮之别。一般晚熟品种的果实无刺或为稀刺、大刺、厚皮；而极早熟品种和早熟品种的果实有刺，刺小、刺密、皮薄。薄皮的食用性比厚皮的好，但厚皮的耐运输和耐贮藏。

成熟的果实表皮变黄，组织变软，已失去了食用价值。食用商品果实为已长大的幼嫩子房，但表皮尚未老化。此时也正是黄瓜品种特性已充分表现出来的最佳嫩瓜阶段。

商品果实的颜色大多为深绿或鲜绿色，少数品种为浅黄色，极少数品种为白色。

果实的横剖面有三心室或五心室，个别有四心室的。近果实基部没有种子腔的部分叫瓜把，其长短粗细因品种不同而异，短的只有 1~2cm，长的可达 10~15cm。果肉在心室至表皮之间，厚的可达 2~3cm，品质好，出菜也多，果肉薄的品种其果肉厚度只有 0.5~1.0cm。

果实发育速度因品种和栽培条件不同而不同。早熟品种从开花到形成商品果实采收所用的时间，比中熟和晚熟品种用的时间短。从开花到采收商品果实，露地栽培的一般 10~15d，棚室栽培的一般 15~22d。果实的增长量，前 1 周增长量很少，1 周后逐渐增大，一般后 1/3 的时间增长量为前 2/3 时间增长量的 8 倍。在生产中多根据果实的增长量来确定适宜的浇水和追肥时间，以促进果实膨大。

黄瓜有单性结果的特性，因品种不同，单性结果能力也有差别。单性结果形成的"无籽黄瓜"可以节省营养，有利于提高产量和品质。因单性结果不需要授粉，所以在保护地栽培方面具有重要意义。单性结果的能力一般北方品种强于南方品种，耐寒耐弱光性强的品种强于抗热需强光的品种。另外，单性结果能力随栽培条件和光照度而有变化，在 2 万 lx 光照以下时，单性结果能力差；水肥条件好时，单性结果能力强。但有的品种必须经过昆虫传粉才能结果，在不授粉的情况下往往化瓜，因此产量很低或者没有产量。大棚温室等保护地黄瓜生产，要采用单性结果性强的品种，并利用植物生长调节剂促进单性结果。如开花时在花上喷洒 0.005% 的赤霉素（九二〇），对提高单性结果率和保果均有很好的作用。

黄瓜发生苦味，是因含有苦瓜素的缘故。苦瓜素含量多少与遗传和环境条件有关，不同品种含量不同，同一品种不同节位的果实含量也不同，氮肥过多、低温、光照和水分不足等，都能增加苦瓜素的含量。因此，在栽培上对上述因素应适当注意，以创造良好的环境条件，防止或减轻苦味的发生。

六、种子

黄瓜的种子着生于果实种腔的胎座上，成熟后呈扁平长椭圆形，黄白色。因植株顶端营养供应具有优势，瓜条中上部的种子发育早，成熟快。受授粉的营养条件及果实发育状况的影响，种子数量差别很大。一条瓜的种子数量一般为100~200粒，多者为400粒以上，少的仅数十粒。种子粒数的多少与授粉量有关。

种子由种皮、胚、子叶组成。胚是生长中心，子叶是幼苗前期的营养供应中心，因而含有丰富的营养物质。

种子的成熟，从受精到采收成熟的瓜果需要经过35~40d。采收后的种瓜要存放5~7d，待完成后熟作用后方可开瓤采种。种子的成熟度与发芽率关系很大，成熟度越差，成熟处理的时间应越长。种子的寿命一般为3~5年。但在干燥储存的条件下，发芽力可以保持10年。隔年的种子比当年的新种子发芽整齐一致，出苗早。3年以后的种子发芽力减退。后熟好的种子出苗才健壮。未经充分后熟的种子，催芽时间长，播种后出苗慢，而且往往带"帽"出苗，幼茎也细，子叶瘦弱。

黄瓜种子的千粒重为23~42g，一般每亩*用种量为：露地栽培育苗用种150g，棚室保护地嫁接育苗用种200g左右。

---

* 亩为非法定计量单位，1亩≈667m^2。——编者注

第二节 黄瓜的生育周期

黄瓜的生育周期因品种熟性和栽培环境条件不同而天数多少不等。极早熟品种露地栽培一般为90~150d；早、中、晚熟品种保护地栽培条件下，特别是通过以黑籽南瓜为砧木嫁接，生育周期可达270d以上。一个生育周期分为发芽期、幼苗期、初花期、结瓜期4个时期。

一、发芽期

从播种以后到第1片真叶出现为发芽期，时间为5~6d。这一时期要求较高的温度和湿度，播种土层的通气条件良好，以促使种子出苗早，出苗齐，出苗壮，并无病虫危害，嫁接时成活率亦高。

二、幼苗期

从第1片真叶出现到4~5片真叶期定植前称为幼苗期，需30~40d。此期是花芽分化和奠定前期产量的时期，在管理上要体现"促""控"结合。温度、湿度管理原则上是前"促"后"控"，重点把握好"两高两低"，即出苗前温度和湿度都高，出苗后温度和湿度都低；定植缓苗期内温度和湿度高，缓苗后温度和湿度降低。此期管理的主攻方向是在促进根系发育的同时，促进花芽分化，增加雌花花芽分化形成的比例，因为使黄瓜多结瓜的关键在于增加雌花数量。生产中除选用单性结果能力强的品种外，决定黄瓜性型的主要因素是植株的营养状况。若植株营养生长过旺，光照弱，同化物质积累不足，则不利于幼苗及以后的花芽分化和雌花的形成，从而使雌花数量减少。

温度、光照、二氧化碳浓度、土壤养分含量等，都密切关系到黄瓜雌花花芽的分化和能否增加雌花数量。夜间的温度对雌花花芽的分化影响很大，苗期采取 12~15℃ 的夜间低温处理，则雌花数量增加，并降低坐瓜节位。短日照处理有利于雌花形成。据研究，8h 的短日照最有利于雌花的分化和形成。土壤含水量和空气湿度较大时，雌花形成的多，含水量在 80%~85% 时比较适宜。施肥的种类和方法对雌花形成也有影响，有关资料介绍，磷、氮肥分次施用比集中一次施用雌花数量多；不缺氮肥而钾肥适量亦能增加雌花数量。钾肥过多时能增加雄花数量，相对减少雌花数量。空气中二氧化碳气体含量高时，可提高光合效能，使雌花数量增加。在棚室保护地增施二氧化碳气肥，如能在上午达到 0.1%，则雌花数量比自然状态下增加 1 倍以上。另外，一部分植物生长调节剂可促进雌花形成，如喷施 0.005%~0.01% 的乙烯利或 0.001% 的萘乙酸或 0.015% 的助壮素等，在生产上都有促进雌花形成的实用价值。

三、初花期

从达到适龄大壮苗定植，到第 1 朵花开放时为初花期。此期需 25d 左右，已进入营养生长与生殖生长并进的阶段，植株需肥需水量逐渐加大。此期在植株养分的分配上容易产生争夺现象，如根、茎、叶营养器官生长占优势，则养分重点向这些营养器官输送，使花蕾的生长因养分供应不足而受到限制，造成花蕾不发达，甚至落花落蕾。反之，如果生殖器官生长占优势，则养分重点向花蕾输送，致使植株根、茎、叶等营养器官的生长因养分不足而缓慢、瘦弱。因此，此期栽培管理的主攻方向是促进植株营养生长与生殖生长协调双旺，既能增加叶面积，又能增加雌花数量，搭好丰产架子。

四、结瓜期

从坐住根瓜直到拉秧为结瓜期。此期是形成产量的最关键时期，应围绕促进生殖生长和营养生长同时并进、延长持续结瓜时间和叶片的寿命，确保植株持久不衰，不出现结瓜的间歇现象为重点，采取调控好光照、温度、空气湿度、二氧化碳浓度等环境条件，满足水肥供应，及时防治病虫害等栽培管理措施，夺取黄瓜高产。

这一时期植株营养生长与生殖生长对植株体内养分的争夺现象更为明显。若是根、茎、叶等营养器官生长过于旺盛，则蕾花和果实的生长受到限制，导致落花和坐瓜数少，或者瓜条发育不好，甚至化瓜。反之，如果花蕾和果实的生长过于旺盛，则养分优先供应果实的生长发育，而茎、叶、根的生长受到抑制，导致茎叶的生长速度减退。以上两种生长现象若是此消彼长，互相制约，循环往复，就可形成结瓜的间歇现象。如根瓜、腰瓜、顶瓜、回头瓜的分期出现，就属于间歇结瓜现象。在棚室保护地条件下，采用密刺类型的黄瓜品种，基本上5叶以上节节有瓜，但结瓜间歇现象也是明显存在的。生产上采取早摘根瓜、适当疏瓜等措施，可促进茎叶生长和侧枝伸长；通过掐段和打去底部老叶，减少养分的消耗，有利于花蕾、果实的生长，能减轻结瓜间歇现象，提高产量。

第三节　黄瓜对环境条件的要求

一、黄瓜对光的要求

黄瓜是瓜类作物中比较耐弱光的，光饱和点和光补偿点分别为

5.5万~6.6万lx和0.15万~0.20万lx。在光饱和点以上，黄瓜的光合速率不因光照度增大而增强；在光补偿点以下，黄瓜光合作用生产的物质少于呼吸作用消耗的物质时，则生长发育停止。在棚室黄瓜栽培中，棚室内的光照度一般仅为自然光照的一半或一半略高。当大棚的透光面倾斜角度小，采光性差，冬季大棚内进光量不足自然光照的1/4时，黄瓜植株生育不良，往往引起化瓜。夏季12:00—15:00的自然光照度可达10万lx以上，当冬暖大棚的透光面倾斜角度过大，采光性强，夏季大棚内进光量为自然光照的2/3以上时，黄瓜植株易发生强光高温障碍病害。因此，除要求建造的冬暖塑料大棚透光面倾斜角大小适当（即棚面角度适当大小）外，还应采取越冬茬栽培选用早熟、耐弱光、耐低温的品种，越夏茬（伏茬）栽培选用光饱和点高的品种，并及时遮阴，以减轻光照度，降低温度，减少病害，促进植株健壮生长。

黄瓜主要需要的光质是400~500nm波长的青光部分和600~700nm波长的红光部分。光质对黄瓜的生长发育和性型有重要影响。同一株黄瓜，由于叶片所处的节位和叶龄长短的不同，其同化产物的数量也不同。以展开20~30d的中部壮龄叶片的同化量最大，往上往下的叶片其同化量逐渐降低。但是下部的老龄绿色功能叶片比最上部的幼龄叶片同化量大。据研究证明，下部老龄绿色功能叶片光合作用能力的降低，与磷肥的供应不足和光照度低有关。下部叶片的照度与上部叶片的照度相差的幅度，与植株叶面积指数有关。棚室内吊蔓架置的植株，当叶面积指数达到5时，上部叶片接受的照度为6万lx时，最下部叶片的照度只有1 000~2 000lx。因此，在管理上要重点保护好中部和下部壮龄叶片，并通过根外施肥和防治病虫害，延长其寿命。同时，要实施整蔓措施，以改善中部和下部叶片的光照条件。

黄瓜的光合能力与受光照的时间和天气有很大关系。在一天之内，上午的同化量占全天的65%左右。连阴天气对黄瓜的生长极为不利，其同化量不及晴天的一半。在棚室黄瓜栽培中，若遇阴雨或阴雪天气半个月，可使产量下降50%~60%，尤其是秋冬茬和越冬茬黄瓜，减收幅度更大，甚至有的绝收。幼苗期如遇连阴天气，苗子停止生长，苗弱发黄，病害严重。成株阶段如遇连续阴雨或阴雪天气，植株会软弱多病，易化瓜。这是因为在光照严重不足的情况下，植株本身积累的养分消耗过大，很少或不能将营养向营养生长器官和生殖生长器官输送供应，从而导致苗弱、成株软弱和果实发育不良，甚至化瓜。因此，黄瓜棚室内栽培，应重视早晨的光照，在晴天要适时早揭晚盖草苫，以延长光照时间，尤其是尽量延长上午的光照时间。在遇到连续阴雨阴雪天气时，可采取电灯补充光照的措施，而最行之有效的争光措施是，除遇特大暴风雨雪外，一般阴雪雨天气要最大限度地增加揭草苫（草帘）的时间，以使棚室内增加散射光。这是棚室黄瓜秋冬茬、越冬茬和冬春茬栽培上非常重要的管理措施。

黄瓜遇到连续阴雨或阴雪天气，棚室内温度低、湿度大，叶片的蒸腾作用大大减弱，根系吸收水分和无机盐能力也受到阻碍。当天气转晴后，叶片的蒸腾马上加快，根系的吸收能力在短时间内不能满足叶片光合作用的需求，往往闪死瓜秧。例如，1994年11月上中旬，山东省寿光市遇到了连续12d的阴雨和阴雪天气，在此期间冬暖大棚内的气温白天达不到18℃，夜间最低气温降到10℃，经观察，大面积已进入结瓜初盛期的越冬茬黄瓜和正处于结瓜盛期的秋冬茬黄瓜，都未遭受寒害或冻害的现象。但当天气骤然转晴后，马上将覆盖的草苫或草帘全部拉（揭）开的大棚，经一个响午的阳光照射后，棚内的黄瓜植株几乎全部萎蔫后不复原而死亡。凡是采取揭"花苫"，到15:00—16:00才将大棚覆盖的草苫逐渐全拉（揭）开的大棚，棚内的黄瓜植株未发现有萎蔫现象，几乎所有植株都安然无恙。由此说明，冬暖大棚黄瓜秋冬茬或越冬茬栽培中，遇到连续阴雨或阴雪低温天气后所发生的大面积死秧废茬现象，其原因并非冻害，而是转晴后骤然遇到较强的阳光照射而闪死的。如遇此种天气，转晴后必须采取拉（揭）"花苫"的措施。

二、黄瓜对温度的要求

黄瓜因起源于热带森林温湿地区,故喜温喜湿。从播种到根瓜种子成熟,需要≥10℃的活动积温1 800~2 000℃。不同生育阶段对温度的要求不同。苗期对低温的适应能力与降温的快慢和幼苗的锻炼程度有关。骤然降温或幼苗未经锻炼时,在气温2~3℃时就要枯死,5~10℃时就有受寒害的可能。经过低温锻炼的幼苗,即使温度降至2~3℃,也能忍耐较长时间。一般情况下,黄瓜植株在-2~0℃时就被冻死,5~10℃时有遭受寒害的可能,低于5℃时受冻害,10~12℃以下生理活动失调,生育缓慢或停止发育,因此,把5℃叫做黄瓜的"临界温度",10℃称为"经济最低温度"。黄瓜生育的限界温度为10~32℃,光合作用最适宜温度为24~32℃。35℃时光合产量和呼吸消耗处于平衡状态;35℃以上时则呼吸作用的消耗大于光合作用的合成;40℃以上时光合作用衰退,生长停止;50℃左右时黄瓜在短时间内就发生日烧现象并逐渐枯死。

黄瓜对地温的反应更为敏感,11℃以下时不发芽,发芽的最低温度为12.7℃,但个别耐低温的品种在10℃的变温条件下能发芽。黄瓜发芽的最适宜温度为28~30℃,35℃以上时发芽率降低。黄瓜根系伸长的最适温度为30~32℃,低于8℃根系不能伸长,高于38℃根系伸长停止。根系发育的适宜温度为23~25℃,最低为15℃。但在实际生产中,地温低于12℃时,因根系发育不良严重影响到地上部植株的生长,所以一般对地温的要求以15℃为起点温度。

地温和气温是相辅相成的,任何一方过低或过高,都不利于黄瓜的生长发育。地温和气温都适宜,才能使黄瓜根系发达,植株地上部分健壮,结果正常,经济产量高。

黄瓜生长发育过程要求一定的昼夜温差,因为在黄瓜生产过程中,温度与光合产量和呼吸消耗的关系很大,最大限度地增加光合产量，并适当地降低呼吸消耗，这是温度管理的重要目的。在夜间，光合作用不能进行，温度越高，呼吸消耗越大，必然造成产量下降，并能引起徒长和落花，所以要有一定的昼夜温差比。据研究证明，昼夜温差在12℃左右时为宜，夜温13~15℃，昼温25~30℃。如果白天上午的温度为28~32℃，下午达到25~28℃，晚上前半夜的温度为13~18℃，后半夜的温度为11~14℃时，对黄瓜的生长发育更为有利。

三、黄瓜对湿度的要求

黄瓜根系浅，喜湿怕旱，又不耐涝，适宜的土壤湿度为85%~95%，空气湿度白天为80%，夜间为90%。保护地栽培条件下，一般白天湿度低，夜间湿度高。土壤湿度大时，空气湿度即使低到50%也无多大影响。但在阴雨天气，空气湿度大时，因为叶片形成的水膜对光线反射，影响了光合速率，也会影响黄瓜的正常生长。

黄瓜不同生育阶段对水分的要求也不一样。果实膨大期间是需水量的高峰阶段，因此，每次摘收瓜以后的浇水是很重要的。幼苗期需水量很少，土壤湿度过大时，容易沤根或发生猝倒病等。大棚黄瓜越冬茬和冬春茬的苗期，因外界气温低，一般掌握少浇水或不旱不浇水，以免造成湿冷结合，对幼苗产生危害。

四、黄瓜对土壤的要求

黄瓜对土壤的选择不太严格，微酸性及弱碱性的土壤都能适应，pH值为5.5~7.6的土壤比较理想。但以pH值为6.5最佳。因此，在育苗或进行无土栽培时，应尽量使土壤或营养液的pH值保持在6.5左右。

由于黄瓜根系较弱，在土壤中分布较浅，因此，要选择或培肥有机质含量高、透气性良好的土壤。如果栽培在黏重土壤中，就会使苗期发棵慢，结瓜期推迟，生育期延长。沙壤土易发苗，但后劲不足。

五、黄瓜对矿物质元素营养的要求

黄瓜生长发育需要充足的、种类颇多的营养元素供应，尤以氮、磷、钾、钙、镁需要量大，称为黄瓜五要素。

黄瓜生育前期对氮素的需要量最大，在苗期30d内吸收量呈直线上升趋势，2个月后呈缓和状态。全生育期内，不同部位吸收氮素的数量不同。果实的需氮量最大，为50%；叶的需氮量次之，为40%；茎和根的需氮量为10%。苗期供应充足的氮素营养，可增加雌花数。在整个生育过程中，若氮肥不足，就会出现叶片含叶绿素量减少，光合能力弱，植株生长不旺盛，下部叶片老化快，脱落早。

磷素对黄瓜根系、叶子、种子的发育形成起重要作用。因此，将磷肥作基肥并在前期追肥，效果十分明显。

黄瓜对钾素比较敏感，前期缺钾比后期缺钾对产量的影响更大，严重时不坐瓜。在结瓜期间，需钾量最大，一般占整个需钾量的一半以上。

黄瓜在摘收商品瓜期，对氮、磷、钾的需求量大幅度增加，果实能吸收总吸收肥量的50%~60%，使地力的消耗加大。因此，要在摘瓜后及时追施肥料。每生产100kg黄瓜，吸收五要素的比例量大约为氮素280~290g，五氧化二磷90~185g，氧化钾900~1 000g，钙盐300~350g，硫酸镁70g左右。

黄瓜的根系需氧量大，应避免土壤板结导致透气性不良，因此要求疏松的土壤。黄瓜陆续结瓜时期较长，产瓜量高，需要各种营养元素不断地适量供应。增施有机肥料作底肥，既能改善土壤的理化性状，又不断分解释放出各种营养元素，及时供黄瓜需要，还可培养地力，使黄瓜的根系发达，植株生育健壮。所以，要根据黄瓜高产栽培的需肥量和需肥规律，重施有机肥作基肥，并重视各个生育阶段及时追肥。在寿光，大棚黄瓜高产栽培，一般每茬每亩施充分发酵腐熟的鸡粪、厩肥等农家有机肥 1.5 万 kg 左右，其中鸡粪占 1/3，棚内耕层土壤含有机质达 3% 左右。一般每茬每亩产黄瓜 15 000kg 左右，每亩产量达 20 000kg 以上的也屡见不鲜。

第四节　黄瓜常用品种介绍

1. 德瑞特 8 号

该品种瓜码密，属强雌性品种，10 节 7 瓜左右，连续结瓜能力强，产量高；茎秆健壮，节间短稳定，叶片中等大小，叶色深绿；瓜条均长 33cm 左右，粗短把、密刺、油亮，瓜条顺直圆润。植株长势旺不封头，适合冬春保护地栽培。

2. 德瑞特 369

该品种耐热性好，瓜码密度在 10 节 6 瓜左右，产量高；适合露地、晚春及夏秋保护地栽培，植株抗性强，茎秆健壮，节间稳定，叶片中等大小，叶色深绿；瓜条商品性佳，短把、密刺、油亮，瓜条顺直圆润，瓜条均长 35cm 左右。

3. 德瑞特 101

植株生长势较强，叶片中等大小，叶片深绿色，主蔓结瓜为主。整齐度和顺直度好，短把，皮色绿色，光泽度强，刺瘤明显，果肉浅绿色，口感脆甜，品质佳。腰瓜长 36cm 左右，瓜把长小于瓜长 1/9，单瓜重 250g 左右，雌花节率高。适宜在山东省春季和秋季大棚栽培。

4. 德瑞特 102

植株生长势中等，叶片中等大小，叶片深绿色，主蔓结瓜为主。整齐度和顺直度好，短把，皮色深绿色，颜色黑，刺瘤明显，果肉浅绿色，口感脆甜，品质佳。腰瓜长 33cm 左右，雌花节率

高。适宜在山东省春季和秋季大棚栽培。

5. 德瑞特789

露地及小拱棚黄瓜新品种，腰瓜长35cm左右，瓜码适中，产量高；叶片中等偏小，叶色深绿，粗短把，条顺直，瓜形美观，颜色深亮；商品性好，适宜在山东省春露地和春小拱棚栽培。

6. 德瑞特45

该品种腰瓜长35cm左右，粗短把，密刺型，深绿油亮、光泽好、瓜条顺直，果肉厚不易起肚，瓜形美观，商品性佳。节间短，叶片小，易于管理。主蔓瓜码密度两叶左右一条瓜，而且侧枝结实能力强，总产量较高；抗白粉病、霜霉病。适宜鲁南地区春露地、春小拱棚栽培。

7. 未来热爱

强雌性，瓜秧粗壮，抗病力强，总产量高，瓜长17cm左右，颜色翠绿油亮，瓜条顺直，刺瘤匀美，口感甜脆。适宜山东等地冬春、早春、越夏、秋延保护地嫁接栽培。

8. 安吉丽娜

全雌无刺水果型小黄瓜，主蔓结瓜为主，单节多瓜，植株长势强壮，高抗病毒、霜霉病；节间中等，耐热性好，瓜条棒状、条型稳定、颜色绿，连续带瓜能力强，产量高。适合早春、越夏、秋延保护地栽培。

9. 明佳小黄瓜

全雌型无刺水果型小黄瓜，主蔓结瓜为主，单节多瓜，植株长势强壮，耐热性好，高抗病毒，节间中等；瓜条顺直、颜色绿，连续坐瓜能力强，产量高。适合早春、越夏、秋延栽培。

10. 德瑞特597

早春品种，植株长势稳健，10节6~7瓜，连续结瓜能力强；瓜条长35~40cm，黑油亮色、瓜条商品率高，耐长途运输。

11. 精硕106

早春、越夏秋延迟均可种植。短粗把，密刺，黑油亮，中等叶

片,瓜长约35cm,抗病能力强,高抗霜霉病,10节7瓜。

12. 中农翠玉3号

功能性品种,其丙醇二酸含量达16.40g/kg,是普通黄瓜品种的5倍。丙醇二酸可抑制人体内糖类转化为脂肪,具有减脂美容功效。该品种全雌性,生长势强,商品瓜短圆筒形、白色、有光泽,瓜长约13cm,白刺稀疏,瘤小,口感极佳。

13. 阳都3号

瓜条顺直,瓜色黑亮、光泽度好,刺密、无棱、瘤中等,单瓜重200g左右,质脆味甜,品质好,商品性极佳。植株生长势较强,叶片中等,以主蔓结瓜为主,成瓜率高,龙头旺,瓜码密,单性结实能力强。瓜条生长速度快,早熟性好,抗霜霉病、白粉病、枯萎病、病毒病,耐低温弱光,丰产潜力大。适宜日光温室越冬茬及早春茬栽培。

14. 博美211

冬春温室黄瓜新品种,耐寒能力强,生长势强,雌花节率中等,10叶6瓜左右,熟性中等,果实棒状,瓜长34cm左右,皮色中绿,光泽度中等,无棱,刺瘤度中等,单瓜重200g左右,叶片厚,中等大小,叶色深绿,连续结瓜能力强,产量高。适合山东冬春保护地栽培。

15. 德瑞特5号

该品种株型紧凑,生长势强,叶片中等,颜色黑绿,节间适中稳定;主蔓结瓜,瓜码适中,连续结瓜能力强,返头能力强,产量高。高抗白粉病、霜霉病。腰瓜长33cm左右,瓜条顺直、整齐,短把,密刺,黑油亮,商品性好,性状稳定。适宜早春茬、秋延后茬拱棚和温室种植。适宜山东地区种植。

16. 中农18

中国农业科学院蔬菜花卉研究所培育。露地和春秋大棚兼用黄瓜一代杂种。早熟,生长势强,分枝中等。主蔓结果为主。瓜色深绿,瓜长33~38cm,把短。刺瘤密,白刺,瘤中小,无黄色条纹。

丰产，每亩产量可达 10 000kg。抗霜霉病、白粉病、病毒病等病害。适宜春秋大棚和露地栽培。

17. 中农 31

中国农业科学院蔬菜花卉研究所培育。瓜色深绿、有光泽，腰瓜长约 35cm，瓜把短，心腔小，瓜肉淡绿色，商品瓜率高。刺瘤密，白刺，瘤小，无棱。抗霜霉病、白粉病、西瓜花叶病毒病，中抗枯萎病；耐低温弱光能力突出；早熟性好，持续结瓜及丰产优势明显，每亩产量 10 000kg 以上。适宜我国北方地区日光温室各茬口栽培。

18. 中农 32

中国农业科学院蔬菜花卉研究所培育。植株生长势强，耐低温弱光能力突出。瓜色深绿、稍亮，腰瓜长约 35cm，粗约 3.4cm，瓜把短，心腔小，果肉淡绿色，商品瓜率高。刺瘤密，白刺，瘤小，无棱。抗西瓜花叶病毒（WMV）病、西葫芦黄色花叶病毒（ZYMV）病、番木瓜环斑病毒（PRSV）病，中抗黄瓜花叶病毒（CMV）病、霜霉病、枯萎病、黑星病。早熟性好，持续结果及丰产优势明显。越冬温室栽培每亩产量 10 000kg 以上。适宜日光温室各茬口栽培。

19. 中农 50

中国农业科学院蔬菜花卉研究所培育。该品种瓜条有光泽，连续结果能力强。早熟，早春种植表现为强雌性，几乎节节有瓜，瓜条发育速度快。瓜长 25~30cm，把短，无黄色条纹。前期产量高，丰产。抗霜霉病、白粉病等病害。适合温室早春茬栽培，也可在春大棚种植。

20. 中农 116

中国农业科学院蔬菜花卉研究所培育。早中熟，主蔓结果为主，瓜码较密。瓜色深绿，瓜长约 30cm，商品瓜率高。刺瘤密，白刺，瘤小，无棱，无黄色条纹，口感脆甜。抗霜霉病、枯萎病、WMV、ZYMV，中抗 CMV。丰产潜力大，每亩产量可达 10 000kg

以上。适宜春秋大棚及露地栽培。

21. 津冬科润 99

天津科润黄瓜研究所培育。该品种植株生长势强,叶片中等大小,主蔓结瓜为主,品种适应性强,瓜码密,连续结瓜能力强,总产量高。商品性突出,短把密刺,瓜条顺直,腰瓜长 35cm 左右。抗病能力较强,适宜早春及秋大棚栽培。

22. 津优 308

天津科润黄瓜研究所培育。植株生长势较强,叶片中等偏大,叶色深绿;以主蔓结瓜为主,回头瓜多,持续坐果能力强,瓜条生长速度快;抗霜霉病、角斑病、枯萎病,中抗白粉病。适应性强,生长后期耐高温,在 34~36℃条件下仍可正常结瓜。瓜条顺直,皮色深绿、光泽度好,无黄线,瓜把小于瓜长 1/7,刺密、无棱、瘤适中,瓜形美观;腰瓜长 34cm 左右,畸形瓜率极低;果肉淡绿色,肉质甜脆,品质好,商品性佳。早熟,生育期长,不易早衰,前、中、后期产量均衡,越冬温室栽培每亩产量 16 000kg,最高可达 20 000kg。适宜我国北方地区越冬温室和早春大棚栽培。

23. 津优 315

天津科润黄瓜研究所培育。该品种与对照津优 35 相比,瓜码更密,颜色更深,腰瓜比津优 35 长 3~5cm。耐低温弱光性强,抗多种病害,产量高,经济效益好,是目前温室黄瓜主栽品种津优 35 的升级品种,适合温室及春大棚栽培。

24. 津优 401

天津科润黄瓜研究所培育。植株生长势较强,叶片中等大小,叶色绿。主蔓结瓜为主,持续结瓜能力强。瓜条长 35cm 左右,瓜把长约为瓜长的 1/8,单瓜重 200g 左右。瓜条深绿色,有光泽,刺瘤中等,商品瓜率高。抗霜霉病、白粉病、枯萎病、病毒病等病害。春露地栽培每亩产量可达 5 500kg 以上,适合河北、河南、四川及东北地区露地以及秋大棚栽培。

25. 津优 406

天津科润黄瓜研究所培育。植株生长势较强，叶片中等大小，叶色绿。以主蔓结瓜为主，持续结瓜能力强。瓜条长 35cm 左右，瓜把约为瓜长的 1/8。亮绿，有光泽，刺瘤适中，无棱，少纹，口感脆甜。商品瓜率高，丰产稳产性好，每亩产量最高可达 6 000kg 以上。抗霜霉病、白粉病、枯萎病、病毒病等病害。耐热性好，适合秋大棚及露地栽培。

26. 津优 408

天津科润黄瓜研究所培育。该品种植株生长势强，叶片中等大小，瓜码密、产量高。腰瓜长 35cm 左右，瓜把短，瓜条顺直，瓜色翠绿有光泽，商品性佳。抗病性好，适宜春、秋露地及大棚栽培。

27. 津优 409

天津科润黄瓜研究所培育。植株生长势强，瓜色深绿、光泽度好，瓜把短，商品瓜率高，瓜条长 36cm 左右。抗病、丰产性好，春露地栽培每亩产量可达 6 000kg 以上，适合露地栽培。

28. 博杰 616

天津德瑞特种业有限公司培育。长势稳健，小叶片，叶片黑厚，株型好。下瓜早，瓜码密，前中期产量突出，总产量特别高。瓜条顺直整齐，短把密刺，瓜色深绿油亮，平均瓜长 33cm，绿瓤，商品瓜率高。高抗霜霉病、角斑病、靶斑病，特抗枯萎病等病害。

29. 密基特

荷兰引进一代杂交水果黄瓜品种，纯雌性。植株健壮，每节 1~2 个瓜，瓜长 16cm 左右，单瓜重 100~130g，瓜条长圆柱形，果肉厚，顺直光滑，无刺，瓜色亮绿，光泽度好，瓜条生长迅速，产量高，耐储运。高抗病毒病和白粉病及疮痂病。保护地专用品种，适宜温室及春棚栽培。每亩种植 3 500 株左右，建议嫁接种植。

30. 博美 8 号

天津德瑞特种业有限公司培育。油亮型黄瓜新品种，主蔓结瓜为主，侧蔓瓜商品性亦佳。株型紧凑，叶色深绿，单瓜重 200g 左右，瓜条长 36～40cm。把短条直，刺瘤明显、密集，心腔细，果肉厚、呈淡绿色，口感清香。瓜身匀称，色泽深绿油亮，商品性极佳。高产，高抗霜霉病、靶斑病等叶部病害，适宜春冷棚及露地栽培。

31. 博新 5 号

天津德瑞特种业有限公司培育。长势强、耐低温、耐弱光。瓜码密，2～3 节 1 个瓜。膨瓜快、下瓜早、前期产量高。瓜条顺直整齐、短把密刺，瓜条长 35cm 左右。适合早春大棚栽培。

32. 济优 14

植株生长势强，叶片中等大小，深绿色、较厚，主蔓结瓜为主，有回头瓜，第一雌花节位位于主蔓第二至第三节，雌花节率 75% 左右。瓜条顺直，瓜长 30～35cm，单瓜质量 200g 左右。瓜把适中，心腔小于瓜横径的 1/2，瓜皮深绿色，富光泽，刺瘤中等大小，密生白刺，无棱。果肉淡绿色，口感脆甜。在前期较低温度下生长发育正常，在阴天、有雾、弱光条件下未出现叶片上卷、生长较慢、花打顶等症状。生长中后期能耐 35℃ 左右的高温，高温条件下未出现瓜条明显变短、色泽变淡、畸形瓜增多、植株生长发育明显受阻等症状。抗霜霉病、白粉病、枯萎病，日光温室早春栽培前期每亩产量 2 900kg 左右，每亩总产量 7 500kg 左右。适宜日光温室早春栽培。

33. 济优 16

植株生长势旺，叶片中等大小，深绿，主蔓结瓜为主，有回头瓜，第一雌花节位始于主蔓第五至第六节，雌花节率 45% 左右。瓜条顺直，瓜长 35cm 左右，单瓜质量 220g，心腔小于 1/2。瓜色深绿，密刺，刺瘤中等，富光泽，无棱，果肉淡绿色，口感脆甜，商品性好。在前期夜间低温 8～10℃、阴天、有雾、弱光条件下该品种未表现出明显的叶片反卷、生长较慢、花打顶、畸形瓜增多等生理异常，表现出较强的耐低温弱光性能。适宜越冬日光温室栽培。

34. 京研迷你 4 号

北京市农林科学院蔬菜研究中心选育。冬季温室专用品种，耐低温、弱光能力强，全雌性，生长势强，抗病性强。瓜长 12～14cm，无刺，亮绿有光泽，产量高，品质好。生产上注意防治蚜虫与白粉虱，以免感染病毒病。适宜长江以北地区种植。

35. 京研迷你 5 号

北京市农林科学院蔬菜研究中心选育。早熟、丰产、优质、全雌性水果黄瓜一代杂种。生长势强，叶色浓绿，瓜色较深，瓜长 15～19cm，单瓜重 90～110g，果面光滑，无刺瘤，心室小，适宜生食，品质较好。抗霜霉病和白粉病，不抗主要病毒病。耐低温弱光，耐热性好，秋季栽培坐瓜优良。适宜冬、春温室和春、秋大棚栽培。

36. 金童、玉女

又叫拇指小黄瓜，是超小水果型黄瓜，包括金童和玉女两个品种。由北京北农三益黄瓜生态育种科技中心自主研发。其品质特点为甜脆、清爽、口感好，两者大小和形状相同，只是颜色有别，即金童为绿色，玉女为白色。瓜长 4～5cm，无把，均为椭圆形，光滑无刺有光泽，脆甜、清爽。强雌性，极早熟，瓜膨大速度快，连续坐瓜能力强，每节 1～2 个瓜，平均单瓜重 30g。较耐低温、弱光，适宜保护地秋冬或冬春栽培。

37. 绿岛 3 号

河北科技师范学院培育。该品种为优质丰产旱黄瓜新品种，瓜色亮绿，瘤较明显，刺半透明，瓜长 20～25cm。产量高，品质优良，产品市场竞争力强。保护地专用。

38. 德瑞特 1510

密刺、条直、黑亮，条长 34～35cm，10 节 4～5 个瓜，小叶片，产量特别高，适宜山东春露地精品瓜地区种植。

39. 博新91

耐热油亮型黄瓜品种，耐高温，高温下瓜码分化稳定，10节3~4个瓜，瓜色深绿油亮，瓜色不变黄，粗把、密刺、条直，条长35cm左右，商品率高，适宜山东越夏种植。

40. 津绿5号

高抗霜霉病、白粉病、枯萎病，适宜春秋露地栽培。生长势较强，以主蔓结瓜为主，瓜条顺直，瓜长35cm左右，皮深绿色，有光泽，刺瘤明显。单瓜重200g左右，瓜把短，种腔小，果肉淡绿色，质脆、味甜、品质优。侧蔓也有结瓜能力，丰产潜力大，春播亩产量5 500kg左右。一般3月中旬至4月上旬育苗，苗龄35d左右；直播一般4月中下旬播种。栽植密度3 500株/亩左右。

41. 津春4号

早熟，适宜春、秋露地及秋延后栽培，是取代目前我国露地主栽品种津研4号的理想品种。抗霜霉病、白粉病及枯萎病能力强。瓜条棍棒形，白刺、棱瘤明显，瓜条长30~35cm，单瓜重230g左右，深绿色，有光泽，肉厚，质密、清香，商品性状好，植株生长势极强，分枝多，主蔓结瓜为主，有回头瓜，丰产性状好。露地直播应选择适宜播期，地膜覆盖应及时开膜，小棚育苗应"促""控"结合，栽植密度3 200株/亩左右。

42. 平丰5号

由河南省平顶山市农科所育成，早熟。植株生长势强，第1雌花着生在第4~5节，以主蔓结瓜为主，瓜码密，每隔1~2节便连续出现雌花1~2朵。果肉浅绿色，肉厚1.5cm，肉质细嫩，味甜、口感极佳。瓜棒形，瓜长29cm，瓜柄短，单瓜重260g，果色亮绿，刺密、刺瘤小，无花纹、无棱沟。结瓜性强，回头瓜多，播种后60d结瓜。长江中下游地区一年四季均可育苗，进行早春保护地、露地栽培，定植行株距为60cm×30cm。

43. 长城棒瓜

由中种集团承德长城种子有限公司培育,中早熟,春秋两季栽培用的棒状黄瓜新品种。植株生长势较强,以主蔓结瓜为主。瓜短棒状、绿白色、有光泽(小嫩瓜为浅绿色),刺瘤中等,刺白色。瓜长20~25cm,直径4~6cm。单瓜重0.3~0.4kg。瓜肉厚,脆甜爽口,商品性好。春季露地栽培一般3月中旬至4月上旬阳畦播种育苗,株行距为32cm×60cm。夏秋季6月下旬至7月中旬露地直播,株行距为35cm×60cm。

44. 津优4号

由天津黄瓜研究所育成,适宜春秋露地种植。耐热性好,抗霜霉病、枯萎病和白粉病。植株紧凑,生长势强,叶色深绿,以主蔓结瓜为主,第一批雌花着生在第6~7节,雌花率40%左右;回头瓜多,侧蔓结瓜自封顶;瓜条直,瓜长约35cm,瓜深绿色,有光泽,瘤显著,密生白刺。单瓜重约200g,果肉浅绿色,质脆、味甜、品质优。株行距为30cm×60cm。春秋季播种可替代津春4号,春季1月下旬至4月播种,秋季8月直播。

45. 德瑞特1号

该品种植株生长势强,株型好,耐寒,节间短而且稳定,种植户容易管理,叶深绿色且厚,高抗靶斑病(俗称"小黄点"),中抗霜霉病、白粉病。瓜条长35~40cm,单瓜重200g左右,把短,棍棒形,瓜色嫩绿,瓜码密,早熟性好,下瓜快,持续结瓜能力强,产量高。适宜早春温室大棚栽培。

46. 德瑞特2号

天津德瑞特公司育成的杂交一代"高产型"黄瓜新品种。该品种瓜条长35cm左右,瓜色靓丽,商品性佳,密刺、短把,瓜条顺直,内腔小,果肉厚,可食性佳,畸形瓜少,成瓜率高。植株生长势中强,但节间短,不易徒长,容易管理。叶片小而上冲,株型紧凑,光合效率高,瓜码密,早熟性好。瓜条生长速度快,连续结瓜能力强,丰产潜力巨大。耐低温、弱光,抗褐斑病、霜霉病、白粉病能力强。

47. 博新001

耐低温、弱光能力极强，植株生长势强，龙头生长旺盛，不歇秧，采瓜期长，产量高，亩产可达30 000kg左右。该品种叶片中等大小，叶色深绿，主蔓结瓜为主，瓜把短，瓜条棒状，瓜形美观，颜色深绿。瓜条长33cm左右，成瓜率高，商品性好，抗霜霉病、白粉病、褐斑病。

48. 德瑞特968

该品种叶片中等大小，叶片厚，叶色深绿，株型好，以主蔓结瓜为主。瓜把短，瓜条棒状，瓜形美观，颜色深绿，商品性极佳。瓜条长32cm左右，成瓜率高，商品性好，耐低温、弱光能力极强，抗霜霉病、白粉病、褐斑病。植株生长势极强，不封顶，不歇秧，连续下瓜能力强，采瓜期长，总产量高，亩产可达25 000kg以上。

49. 博美816

前期耐热，后期耐寒，瓜条商品性好，短把、密刺，瓜色靓丽，瓜条长33~36cm，单瓜重200g左右，雌花分化率较高，坐瓜稳定，产量高。

第三章 育苗嫁接技术

第一节 育苗与嫁接

一、育苗的意义

育苗是黄瓜栽培中的重要环节,特别是越冬茬栽培和冬春茬栽培,可以利用大棚的保护设施,人为创造适宜黄瓜播种的环境条件,提早播种,节省劳力和种子,有利于培育壮苗。当前来看,我国设施黄瓜育苗方式,主要分为现代化的工厂化育苗与传统的营养钵育苗两种方式。有句俗话叫"苗壮五成收",培育适龄的黄瓜壮苗是栽培成功的关键步骤之一。因此,培育壮苗尤为重要,主要体现在以下几个方面。

(1) 可在一个较小可控的空间进行管理。育苗面积小,管理集中,省工、省时、省药,可以在人工控制下创造一个比较优越的环境条件,培育出整齐一致的壮苗。

(2) 可以为黄瓜生长赢得时间。露地春茬黄瓜生产如果直播则需要在晚霜结束后进行,这时播种的黄瓜结瓜后不久即进入炎热多雨时节,不仅病虫害严重,高温强光也会影响黄瓜的正常生长,产量受到了严重的限制。如果育苗移栽,生长期最少提早 20~30d,可以在高温多雨到来之前得到采收。又如,春用型日光温室冬春茬黄瓜，在温室里修建苗床，就可以在12月末到翌年1月初播种育苗，正好避开了1月的低温、低光照时期，到2月上中旬定植可以比直播的提早上市30d左右，亩产值可增加3 000元以上。

（3）可以大大节约种子和费用。栽培面积相同时，育苗可比直播节省种子1/2~2/3。目前大量使用杂交种，尤其使用进口种子时，节约种子和种子费用对大多数农户来说，显得更为重要和可观。另外，育苗还为排开播种、均衡生产、提高土地利用率和增加种植指数创造了条件。

壮苗的标准：苗龄30~45d，4~5片真叶，苗高20cm。粗壮，节间短，子叶完好、肥大。叶片肥厚、浓绿，叶面、叶背刺毛浓密。根系发达，色白，无病虫害。

二、播种前的准备

黄瓜根系木栓化较早，断根后再生能力差，最好用营养钵或营养盘育苗，减少定植时伤根，且便于操作。

育苗前首先要准备好育苗场所，建好苗床或准备好育苗钵，使育苗场所温度、光照等条件能满足育苗要求。在低温季节育苗一般应有保温、加温设施；在高温季节育苗一般要有遮阳、降温及防雨设施等。

（一）无菌营养土的配制

瓜苗需要的养分、水分和空气都是由营养土供给，营养土的好坏对幼苗的生长发育影响很大。营养土的组成很重要，一般由4份园土和6份腐熟厩肥组成（按体积）。配制营养土所用的土壤应从近2~3年内未种植过同科蔬菜的地中挖取，最好是葱蒜地或禾本科作物地里的表土。取大田土时要考虑上茬作物是否用过封闭性除草剂，因目前生产中应用的封闭性除草剂大多含乙草胺或阿特拉津等农药，这些农药残留期长，对黄瓜育苗不利。所用的腐熟厩肥应该经过夏季沤制，充分腐熟、分解。在配制营养土时，为了防止土壤带菌，特别是有效预防黄瓜苗期猝倒病和立枯病，每立方米营养土中加100g金雷（68%精甲霜·锰锌水分散粒剂）和20mL适乐时（2.5%咯菌腈悬浮种衣剂），过筛2~3遍，即可形成"无菌"土。

（二）育苗基质

黄瓜育苗基质材料有珍珠岩、蛭石、草炭、泥炭、炉灰渣、沙子、炭化稻壳和玉米芯、花生壳、发酵锯木屑、甘蔗渣、栽培食用菌废料、岩棉。这些材料可以单独使用，也可以几种一起混合使用。黄瓜育苗除采用上述基质外，还可以外加少量的化肥、杀菌剂及杀虫剂。

在配制基质时应该具备以下条件：营养成分齐全，并且各种组分比例适合。大量元素和微量元素之间比例、基质的酸碱度适宜，一般pH值在5.5~7.2较为适宜。基质的可溶性盐，决定了根系周围的盐浓度，不要使用可溶性盐含量高的基质成分，因为基质是局限在一定体积的穴盘内，肥料中的离子和灌溉用水中的离子会聚集起来，就会让溶液中的可溶性盐含量达到一个很高的值，不利于植物生长，所以基质的可溶性盐含量一定要控制好。此外，基质还要达到结构良好，透气性、保水性适中，基质尽量减少病害和虫害，这样培育出的黄瓜苗才能达到优质。

育苗基质应具有优良的理化特性，疏松透气，保水保肥，化学性质稳定，呈微酸性，不带病菌、虫卵、杂草种子及对秧苗有害的物质。由于穴盘内基质用量很少，易干燥或缺肥，因此，一般都混以堆肥、缓效性肥料或培养土等，以促进根系发育，保证秧苗生长所需营养，减少移栽时伤根。黄瓜育苗专用基质常用草炭、蛭石、珍珠岩按照3∶1∶1的比例混合进行配制，也可以用已准备好的食用菌废料、玉米芯、木屑等代替草炭。每立方米的基质加入50%的多菌灵可湿性粉剂和福美双可湿性粉剂100g消毒，以防止苗期病害。专用基质大多由厂家生产,成本较高,但其通透性好、密度小,适合用于穴盘育苗,其育苗效率高,质量好,方便运输,在市场中普遍应用。

三、砧木的选择

嫁接是取植物的一部分枝或芽,接到另一个植物体上,培养成为一个新植株的育苗方法。截取的枝或芽叫接穗,被接的植物称为砧木。嫁接后利用砧木发达的根系、高度的抗病性和极强的适应能力,可以有效克服连作障碍,增强生长势,提高产量和品质,增加经济效益,所以选择良好的砧木是嫁接成功的基础。优良砧木的条件是:与接穗亲和性要好,具有良好的适应性和抗逆性,尤其对土传病害有高抗性和免疫力,嫁接苗产量高、品质优和商品性好。

(1)黑籽南瓜。又称米线瓜、纹丝瓜,是南瓜属中的一种,因种子的外皮为黑色而得名。该南瓜的叶片为近圆形,缺刻深,似无花果状叶,故又称无花果叶。用黑籽南瓜嫁接黄瓜的优点是:黑籽南瓜和黄瓜的亲和力高,温湿度适宜时嫁接成活率可达90%以上;对瓜类枯萎病、疫病、炭疽病等具有抗性;耐低温性能好,能耐短期2~3℃的低温,当气温降至6~10℃、地温达12~15℃时根系仍可正常生长。黑籽南瓜根系发达,可克服连作障碍,嫁接后的黄瓜生长旺盛,产量高,黄瓜的品质不变。黑籽南瓜具有耐短日照的习性,对深冬黄瓜生产极为有利,这是黑籽南瓜的一个突出特点,所以特别适于冬季和早春黄瓜嫁接栽培。但是黑籽南瓜不抗根结线虫,要注意及时防治。

(2)白籽南瓜。由日本引进亲本一代交配而成,是国际先进的黄瓜专用嫁接砧木,具有极高的嫁接亲和力,使嫁接成活率大大提高,并可控制拔节,以防徒长;高抗枯萎病,根系庞大,能有效防治土传病害;地上部分强健,抗霜霉病等病害,特耐热、耐寒、耐弱光,生长速度快,不影响嫁接后产品的品质和风味;瓜条黑、

亮、顺直，大大提高了其商品性。

四、培育壮苗

（1）晒种。播种前先挑选种子，剔除破籽、瘪籽和霉烂籽，然后晾晒2～3d，以增加种子活力和吸水性。

（2）浸种。每亩温室需要用黄瓜籽150g、黑南瓜籽2 500g、白南瓜籽2 000g，将其分别用55℃温水恒温浸种10～15min，然后倒入凉水中，使水温降至30℃左右，继续浸泡：黄瓜6～10h，黑（白）籽南瓜8～12h。也可以用热水烫种的方法，先把种子晒干，将种子倒入80℃的水中，不断搅拌，5～10min后立即掺入凉水，使水温降至55℃，5min后再掺入凉水，使水温降至30℃，再继续浸种。种子浸好后搓洗种子上的黏物，捞出，控去水分，稍晾一下，种子表皮略干后进行拌种。

（3）拌种（仅限砧木种子）。为了消灭种子表面的病菌，如立枯病、枯萎病、炭疽病和霜霉病等的病菌，可用适乐时拌种。具体方法是：每2 000～2 500g种子用20mL适乐时，兑水50mL进行稀释，均匀拌种，拌好种后催芽。

（4）催芽。将浸好的黄瓜籽和拌好的砧木种子用湿纱布包好，黄瓜籽放置于25～30℃、南瓜籽放置于30～33℃处，黄瓜经24h、南瓜经32～48h，种子可破嘴露白，当种子胚根长度达到0.5cm时进行播种。

（5）播种。嫁接方法不同，砧木和接穗的播种期不同，靠接时接穗宜大，黄瓜可比砧木早播种4～6d。顶部插接时接穗要小，黄瓜可比南瓜晚播种3～4d。播种前苗床或育苗盘要浇透水，然后将种子均匀播入。苗床育苗黄瓜行距5～6cm、株距3cm，黑籽南瓜行距10cm、株距4cm。播种时将种子一粒一粒按一个方向平着摆放，然后覆土或基质1.5cm。

（6）苗床管理。从播种后到出苗前以温度管理为主，白天气温保持在 25~28℃、地温 25~28℃，夜间气温 23℃、地温 20~23℃，使其尽快出苗，减少养分消耗。苗出齐后立即通风降温，白天保持气温 25~28℃，夜间 15~20℃，昼夜温差保持在 10℃，并注意采用遮阳调光、控制湿度等措施控制好苗子的高度。嫁接苗和砧木出苗后，特别是嫁接前几天，要多见光，少浇水，温度尽量低一些，防止徒长。

（7）嫁接苗的标准。不论采用哪种嫁接方式，最适宜的苗龄是：砧木为第 1 片真叶刚出现至半开展，下胚轴长 5~7cm。接穗为播种后 10~12d，靠接以一叶一心、下胚轴长 5cm 为佳，插接以子叶展平、真叶尚未出现为宜。

苗子过嫩，嫁接后虽然能成活，但是不便于操作，而且生长发育缓慢；苗龄时间过长，下胚轴中空，细胞老化，增生能力弱，不容易愈合。靠接时接穗和砧木下胚轴长度、粗度尽量一致，插接时接穗下胚轴长度和粗度可比砧木小些。下胚轴的长度和粗度主要通过调节温度、湿度和光线来控制。高温高湿阴暗的条件下胚轴容易伸长，苗弱；反之，则短。胚轴过短时，嫁接部位低，定植后接穗常常与土壤接触，产生不定根，形成自根苗，失去嫁接意义。

五、嫁接的方法

（一）嫁接原理

嫁接后之所以成活，是因为砧木和接穗切口处的形成层密接，由其产生的愈合组织相互拥抱，进而连通了它们的输导组织，使茎的功能继续进行。木本植物形成愈伤组织仅限于形成层和筛部，草本植物除了形成层和筛部外，薄壁细胞组织也容易形成愈伤组织，所以草本植物嫁接更容易成活。但并不是任何两种植物嫁接都能成功，只有砧木和接穗具有良好的亲和性的组织嫁接才能取得满意的效果。亲和性是指嫁接组织的两个植物体嫁接后能生长在一起的能力，包括嫁接亲和力和共生亲和力两个方面。前者是指砧木和接穗的愈合能力，嫁接后成活率高的，嫁接亲和力高，反之则低；共生亲和力则是指嫁接成活后的共生能力，嫁接苗发育正常，能够正常结果，无生育不良现象的为共生亲和力强，反之则差。共生亲和力弱的组合，嫁接后开始生长很好，但当进入结果期后植株生长势减弱，表现黄化，叶片卷缩、变小等。嫁接亲和力和共生亲和力有一定的关系，但二者并不一致。如葫芦嫁接甜瓜，嫁接亲和力高，嫁接后容易成活，但共生亲和力差，接穗叶片的同化产物不能被砧木根系同化，根系生长不良，不久植株就死亡。在这种情况下，只有在砧木上保留一部分叶片，供给根系生长所需要的营养物质才能使嫁接苗正常生长。

嫁接时必须选择与接穗亲和力高的砧木种类。一般植物血缘关系越近，嫁接亲合力就越高，反之则越低。这是因为血缘关系近的植物，具有相同或相近的内部形态结构和相似的生理遗传特性，所以，同种类品种间的嫁接成活率高，如黄瓜嫁接在黄瓜上、西瓜嫁接在西瓜上最容易成活。同属异种间嫁接，成活率也较高，如栽培西瓜嫁接在野西瓜上。同科异属间嫁接成活率较差，但也因种类不同，嫁接成活率有所不同。如甜瓜和葫芦嫁接，共生亲和力差，当砧木上保留几片叶时，接穗才能正常开花结果，否则很快就会死亡。将黄瓜嫁接在南瓜上，或西瓜嫁接在胡瓜上，成活率高，生长良好。

影响嫁接成活率的关键是维管束的相互连接，有的嫁接后仅仅是薄壁细胞愈合，或是接穗在砧木组织中生根，从砧木薄壁细胞组织中或穿过砧木在土中吸取营养，这些表面上能正常生长发育，但不是嫁接成活。

黄瓜嫁接的方法有靠接、插接和劈接等。前两种方法操作简单，易管理，成活率高，各地利用较多。劈接法嫁接较难管理，成活率低，故生产上应用较少。

凡是于冬暖棚室内苗床培育嫁接苗的，在播种前15d就应该整平地面，施足基肥，做畦灌水，然后对地面、墙面、棚膜内面以及建筑材料表面进行喷药灭菌。

（二）靠接法

也称舌接法，是将接穗与砧木苗在子叶下切口，舌接而成。接好后去掉砧木顶芽，同时栽植于一个营养钵内，各自利用自己的根吸收水分和养分，待嫁接成活后切断接穗根系，即成为嫁接苗。具体操作程序如下。

削砧木：左手取砧木苗，使两片子叶向两边分开，露出生长点，右手拿刀片，将生长点和真叶切除。之后用刀片在砧木下胚轴上端距离子叶节 0.5cm 处的宽面上，即与两片子叶伸展方向的连线垂直处，按 20°~30°的角度，由上向下斜着把胚轴切割到茎粗 1/2 处，切口长 0.8~1.0cm。

削接穗：将黄瓜苗从苗床或苗盘中带根挖出，左手拿好苗木，右手拿刀片，在下胚轴上部离子叶节 1.2~1.5cm 处，由下向上削 20°~30°的斜切口，深达胚轴粗度的 2/3，长度与砧木上的削口一致，约 1cm。

接合与固定：左手拿砧木，右手拿接穗，自下而上把两个苗子的舌状切口嵌合在一起，使切口密切结合，用夹子夹住。

嫁接后立即连根栽植到营养钵中或苗床中。栽植时接穗和砧木根部相距 1cm 左右，以便成活后切断黄瓜根部。栽植时埋土深度应在接口下 3cm，防止接穗接触土壤后萌发自生根。

（三）插接法

也称顶插法，是指将接穗下胚轴切断，削成楔形，插入砧木顶部孔中的嫁接方法。先用左手拇指和食指从子叶基部握住砧木的茎，用刀将砧木生长点及其侧芽削去，然后用竹签从砧木一侧子叶中脉与生长点交界处按 75°角，沿胚轴内表皮斜插一个孔，深 7~10mm，以先端不划破外表皮、握茎手指略感觉到竹签为准。如果用力过大，竹签穿破表皮，接穗插入后顶端外露部分容易发生自生根，定植后接触土壤，失去嫁接意义。

顶插时接穗要小，取接穗时可以不带根，将其放入水盆中，保湿待用。嫁接时，取出 1 株，用左手拇指与食指轻轻将两片子叶合拢握紧，根部向下，将胚轴贴于拇指下部，用中指顶住按实；也可将苗根部向上，平放在中指上，用拇指压住叶子。右手用刀片在子叶下 1.0~1.5cm 处削长 7~10mm 的楔形接口，直接插入砧木插口中。插接时尽量使砧木叶片方向与接穗叶片方向呈"十"字形。

顶插时，可以将砧木带根挖出，在工作台上嫁接，接后再重新栽植；也可在原地不移动砧木苗，在苗钵中就地嫁接。前者操作简便，适于大批量作业，但嫁接后必须精细管理，否则成活率低；后者因砧木根系未损伤，成活率高，但较费工。

顶插时砧木必须壮实，插孔不要过大，使接穗插入后有一定的压力，切勿损伤胚轴表皮。所用刀具必须锋利，使切面平直，以利于与砧木插孔紧密结合。顶插后，接穗较牢靠，一般不需另加固定，这样嫁接速度较快，但对嫁接技术和管理条件要求严格，稍有干燥，接穗容易干枯死亡。

第二节　嫁接后的苗床管理

（一）随嫁接随栽植

不论哪种嫁接方法，嫁接后都要迅速栽植。栽植后浇足一次稳苗水，然后覆土 1cm。浇水时不要浇到接口上，以免影响成活率。最后搭拱棚，棚高 50cm，上覆盖薄膜，必要时要加盖草帘。

（二）温度管理

嫁接后前 3d 白天温度控制在 25~30℃，夜间温度 10~20℃，地温 20~28℃，加强遮光调温，密闭保湿。温度过高时多遮光、不通风。嫁接后 4~6d，白天温度 22~28℃，夜间温度 18~20℃，地温 20~25℃。嫁接后 7~9d，白天温度 22~28℃，夜间温度 15~18℃，地温 20~22℃。嫁接后 10d，白天温度 22~25℃，傍晚温度 16℃，早晨温度不低于 12℃；地温傍晚 20℃，早晨温度不低于 17℃。

（三）湿度管理

刚嫁接后 7d 内空气相对湿度应达到 90%~100%，7~10d 内也应保持在 80%~90%，10d 后降至 70%左右。湿度过小，接穗容易萎蔫，影响成活率。为保持湿度，特别是嫁接后 3~5d 内不宜通风，忌向畦面浇水。否则，湿度过大，土壤过湿，透气性差，容易引起沤根和病虫害。为此，栽植后可在地面覆盖麦糠，再用喷水法提高空气湿度，既可防止嫁接苗萎蔫，又可提高空气湿度，使嫁接苗生长迅速而健壮。

（四）光照管理

嫁接后前两三天天晴时，上午 9:00 至下午 4:00 在拱棚上搭草帘子遮阳，防止阳光直射。3d 后晴天中午遮阳 1~3h，5d 后逐渐撤去遮阳物，并加强通风炼苗。

砧木发根和接穗生长的好坏与光线关系很大，育苗期间将采光和换气巧妙结合起来，是培育壮苗的关键。遮光过度，特别是高温时，苗子徒长，软弱。所以遮阳不要过严，只要苗子不萎蔫即可。

（五）通风和追肥

嫁接后约第 5 天开始稍加通风，即从棚顶放风，千万不要从两边放"扫地风"，防止苗子受风害而闪苗。注意观察是否缺肥，若缺肥可喷施 0.2%的尿素溶液。

（六）断根

嫁接苗在嫁接后第 10~13 天从接口下 0.5~1.0cm 处将接穗的茎和根彻底切断。嫁接面小、结合不牢固的，断根可分两次进行，第 1 次先削去胚轴直径的 2/3，隔 2~3d 再削去剩下的 1/3。断根后天晴高温时，应适当遮阳和喷水，防止萎蔫。

（七）撤夹

撤夹不宜过早，否则接口易胀裂，移苗定植时容易从接口处断裂。也不可过晚，防止接口处膨大后夹子难以取下，影响植株生长，一般在定植后至搭架前去掉最安全。

第四章 栽培技术

第一节 日光温室栽培

一、日光温室冬春茬黄瓜栽培

日光温室冬春茬黄瓜栽培指秋末冬初在日光温室种植的黄瓜，又称为越冬茬或越冬一大茬。一般于10月中旬至11月上旬播种，苗龄35d左右，5月至7月上旬拉秧。初花期处在严寒冬季，翌年1月开始采收，采收期跨越冬、春、夏三季，采收期达150d以上。

（一）品种选择

选用的品种要求具有较强的耐低温、弱光性能，同时还要求雌花节位低，节成性高，生长势旺盛，抗病，商品性好。

（二）育苗

通常采用营养钵育苗和穴盘育苗，并对育苗设施进行消毒处理。

（三）苗期管理

（1）温度管理。冬春茬黄瓜幼苗出土至第1片真叶平展，应适当提高白天温度,最高温度保证在25℃以上,尽量延长25℃以上的时间,最低气温在15℃左右。第2片真叶展平后,无论是白天还是夜间,温度要比子叶期下降。白天给予充足的光照;夜间控温,减少营养物质的消耗,才有利于培育壮苗。育苗过程中常会遇到阴、雪天气,昼夜温度下降,甚至可能出现昼夜温度持平,在管理上应尽可能避免。此时的昼夜温差不应小于8~10℃,如果白天难以增温,可适当通过降低夜温来实现。温度管理可参照表4-1。

表4-1 苗期温度管理 单位:℃

时期	白天适宜温度	夜间适宜温度	最低夜温
播种至出苗	25~30	16~18	15
出苗至分苗	20~25	14~16	12
分苗或嫁接后至缓苗	28~30	16~18	13
缓苗到定植前	25~28	14~16	13
定植前5~7d	20~25	13~15	10

(2)光照管理。冬春茬黄瓜栽培育苗期光照不足和光照时间短是影响育苗质量的限制因素之一,尤其以每天9:00~15:00的光照极为重要。在管理上要保持塑料薄膜的清洁,在外界温度许可的情况下,尽量早打开草苫,晚盖草苫,或采用反光幕或补光设施等增加光照度,延长光照时间。

(3)肥水管理。这一茬黄瓜育苗期水分的蒸发量小,因此浇水要适度。播种和分苗时底水要浇足,以后视育苗季节和墒情适当浇水,防止培养土过湿或干旱。一般选晴天进行喷水,每次喷水以喷透培养土为宜。在秧苗长至3~4片叶时,可根外追施0.2%~0.3%的尿素加磷酸二氢钾溶液。冬春茬栽培因生长期较短,不适宜采用大苗龄,一般以3叶1心、株高10~13cm为宜,从播种到嫁接,经35d左右育成。

(4)其他。为抑制幼苗徒长,促进雌花形成,可在第2片真叶出现时喷施乙烯利，浓度为100μL/L，在第4片真叶展开时喷100~200μL/L的乙烯利。

（四）定植

在10cm土温稳定通过12℃后定植，一般每公顷定植52 500~55 500株。

（1）整地施基肥。定植前20~30d清理前茬残枝枯叶，深翻地30cm。白天密闭温室提高温度至45℃以上进行高温灭菌10~15d。目标产量为90 000kg/hm^{2}时，推荐施肥总量（分多次施用）为尿素39kg/亩、过磷酸钙100kg/亩、硫酸钾60kg/亩。钾肥总量的75%和氮肥总量的30%用作基肥。每公顷施优质农家肥120 000kg以上。基肥铺施或开沟深施。农家肥中的养分含量不足时用化肥补充。温室土壤适宜肥力为全氮0.10%~0.13%、碱解氮200~300mg/kg、磷（P_2O_5）140~210mg/kg、钾（K_2O）190~290mg/kg、有机质2.0%~3.0%。

（2）温室消毒。温室定植前应消毒，最常用的是硫黄熏蒸，每立方米用50~75g硫黄粉，均匀分放在数个耐高温、不易燃的金属容器（如旧铁锅、铁盆）中，人远离硫黄容器，用燃着的木炭或酒精块引燃硫黄粉（可预先在硫黄粉上洒少量酒精助燃）。点燃后人员迅速离开。保持棚室严格密闭24~48h。熏蒸结束后彻底通风7~14d，待刺激性气味完全散尽后方可进行定植。

（3）作畦覆膜。一般采用小高畦栽培，小高畦宽70cm、高10~13cm，畦上铺设滴灌（管），覆盖地膜，畦间道沟宽60cm，采用大小行栽培或在高畦上开沟，株距20~25cm，覆盖地膜，进行膜下暗灌。

（五）定植后的管理

（1）温度管理。定植后的缓苗期为5~7d，这期间白天争取多蓄热，室内温度控制在28~30℃，夜间不低于10℃，10cm地温为15℃以上。初花期以促进根系发育，控制地上部分生长为主，使植株生长健壮，促进雌花形成。缓苗期至结瓜期采用四段变温管理，这期间的地温保持15~25℃为宜。外界最低气温下降到12℃时，为夜间密封温室的临界温度指标；外界最低气温稳定在15℃时，为昼夜开放顶窗通风的温度管理指标（表4-2）。

表4-2 定植后温度管理

时间段	室温控制区间/℃	目的
8:00~14:00	25~30	促进光合作用，以形成更多的光合产物
14:00~17:00	20~25	抑制呼吸消耗
17:00~24:00	15~20	促进光合产物的运输
24:00至日出	10~15	抑制呼吸消耗

（2）光照管理。可采用透光性好的耐候功能膜做温室覆盖采光材料，同时在冬春季节始终保持膜面清洁。在日光温室后墙张挂反光幕，以增加室内北侧光照度。白天只要温度许可应提早揭开保温覆盖物，以延长光照时间。

（3）湿度管理。根据黄瓜不同生育阶段对湿度的要求和控制病害的需要，最佳空气相对湿度的调控指标是缓苗期为80%~90%、开花结瓜期为70%~85%。可通过地面覆盖、滴灌或暗灌、通风排湿、温度调控等措施将湿度控制在最佳指标范围内。

（4）肥水管理。冬春茬黄瓜栽培，一般采用膜下滴灌或暗沟灌。定植后应及时浇足浇透水，3~5d后再浇1次缓苗水。缓苗后至根瓜采收期的水肥管理目的在促根控秧，土壤绝对含水量以20%为宜。根瓜坐住后，结束蹲苗，开始浇水追肥，整个盛果期一般每隔10~20d灌水1次，水量也不宜太大，否则，会降低土壤温度和增加空气湿度。结果后期，外界气温已经升高，为防止早衰，应增加浇水次数，每5~10d浇水1次，土壤水分的绝对含量可提高到25%左右。追肥和灌水结合进行。第1次追肥在蹲苗结束时，即根瓜谢花开始膨大时。结瓜前期追肥1次，盛瓜期每10~15d追施1次，整个生育期追肥8~10次。每公顷追肥量为三元复合肥（15-15-15）150~225kg，或磷酸二铵150~225kg，叶面追肥一般可喷施0.2%~0.5%尿素和0.2%磷酸二氢钾。

（5）植株调整。定植缓苗后应及时搭架或吊线引蔓，温室冬春茬黄瓜通常不像露地黄瓜那样采用竹竿支架的架式，而是多采用吊架形式，用塑料绳或尼龙绳直接牵引瓜蔓，更先进和省力化的绑蔓措施是用绑蔓器绑缚。绑蔓和吊蔓时，注意摘除卷须。以主蔓结瓜的品种在进入结瓜期后，要及时摘除侧蔓和卷须；对于主、侧蔓同时结瓜的品种，在侧蔓结瓜后，于瓜前留1片叶摘心。冬春茬黄瓜植株生长势一般较弱，其生长点不宜摘除，可保持较强的顶端优势持续结瓜。当植株生长接近温室屋面时，要往下落蔓50cm左右，并摘除下部老叶。落下的茎蔓沿畦方向分别平卧在畦的两边，同一畦的两行植株卧向应相反。

吊线引蔓的小窍门

温室冬春茬黄瓜在缓苗后的蹲苗期间应及时吊线引蔓，在每条黄瓜栽培行的上方沿行向拉一道钢丝，钢丝不易生锈，而且有自然的螺旋，可防止吊绳滑动。钢丝上绑尼龙线，每棵黄瓜对应一根。尼龙线的下端固定，最好是在贴近栽培行地面的位置沿行向再拉一道尼龙线，与栽培行等长，尼龙线两端绑在木橛上，插入地下，每个吊线都绑在这条贴近地面的拉线上。用手绕黄瓜茎蔓，使之顺吊线攀缘而上，所有植株缠绕方向应一致。以后每隔几天要绕蔓一次，否则"龙头"会下垂。黄瓜植株生长速度快，生长点很容易到达吊绳上端，为能连续结瓜，应进行摘叶后落蔓。落蔓时，先将绑在植株基部的吊线解开，一手捏住黄瓜的茎蔓，另一只手从植株顶端位置向上拉吊线，让摘除了叶片的下部茎蔓盘绕在地面上，然后再把吊线下端绑在原来的位置,这样,植株的生长点位置就降了下来,黄瓜就又有了生长的空间。也就是说,要向上拉线,而不是向下拉蔓。对于黄瓜落蔓,以整个植株地上部分保留16~17片叶最为适宜,多于这一数量就应摘叶落蔓。落蔓后,植株下部没有叶片的茎盘曲在地面上,对这一段茎也要进行保护,灰霉病、蔓枯病的病菌很容易从叶柄基部(节)的位置侵染,因此,在喷药时同样也要喷,如果发现节部染病,可以用毛笔蘸浓药水涂抹。

(6)补充二氧化碳。最简单的方式是通风换气,日光温室黄瓜补充二氧化碳的时间一般从黄瓜开花时开始,一天当中的施用时间是从早晨揭苫后半小时开始施放,封闭温室2h左右,至通风前30min停止施放。一般使温室内二氧化碳的浓度保持在800~1 200μL/L。阴天不施放。有条件的可以使用吊挂式二氧化碳气体发生剂。

(7)异常天气条件下的管理。在北方冬春季节,温室生产常会遇到寒流或连续阴、雪(雨)天气,给日光温室冬春季黄瓜生产带来威胁。

当室温低于黄瓜所能忍受的极限时,就要覆盖草苫。可在草苫上、下各覆盖一层整块的塑料薄膜。这样不仅可以避免草苫被水浸湿,保证草苫干燥,在下雪时还方便清理,而且可以明显提高温室温度。通常,增加一层塑料薄膜至少可以提高气温1~2℃,覆盖2层可以增温2~3℃。有条件的可使用加温装置。

如果下雪,要及时扫雪,否则,温室薄膜上的积雪易大量地吸收薄膜传出的热量。对于白天覆盖草苫的温室,也要及时把草苫上的积雪清除干净,否则会大量吸收温室热量。不能等到雪停后再清除,而应随降雪随清除。如果不能及时清除积雪,天晴后或降雪时气温较高,草苫上的雪会迅速融化,浸湿草苫,草苫吸水后会变得很重，要将其卷起来十分困难，即使使用卷帘机也是如此。

连续 5~7d 的阴雪寒冷天气骤然转晴后，切勿把草苫等不透光保温物全部揭开，否则植株易萎蔫，要采取揭"花苫"即间隔揭苫的措施，使用卷帘机者可以将草苫卷起一半，半小时后再缓慢将草苫卷至温室顶部。也可采用"回苫"的管理方法，即从温室一端逐个揭开草苫，整个温室的草苫揭开后，操作者再回到起始位置，逐个放下草苫。

（六）采收

根瓜应及早采收，防止坠秧。在结瓜前期，瓜条生长速度快，每隔 1~2d 采收 1 次，有时甚至每天采收 1 次。后期瓜条生长速度变慢，同时市场黄瓜也已短缺，在不影响质量的情况下，可尽量延迟采收，以增加收益。采收结束后，及时拔除茎蔓、杂草，清洁温室环境，并进行消毒处理，准备种植下茬蔬菜。如将秋冬茬黄瓜栽培的播种期提前到 7 月中旬，8 月定植，8 月下旬开始收获，延缓拉秧至翌年 7 月，即成为生长期为 1 年的一大茬栽培，黄瓜产量每公顷可达 30 万 kg 左右。

二、日光温室秋冬茬黄瓜栽培

日光温室秋冬茬黄瓜栽培是以深秋和冬初供应市场为主要目标，既要避开塑料大棚秋黄瓜产量高峰期，又是衔接日光温室冬春茬黄瓜的茬口安排。具体的播种期为 9 月中旬前后，10 月中旬定植，11 月中旬始收，翌年 1 月中下旬结束生产。

（一）品种选择

秋冬茬栽培应选择既耐高温又耐低温、生长势强、抗病、高产、品质好的品种。

（二）育苗

秋冬茬黄瓜幼苗期正处在高温季节，容易造成幼苗细弱，同时要定植在温室中，所以不宜在露地育苗。可在育苗钵、营养土方中直播，也可播于播种床，在子叶期移栽。具体方法同冬春茬。

（三）苗期管理

在出苗或子叶期移栽后，应保持土壤见干见湿，浇水宜在早晨或傍晚时进行，主要为湿润土壤和降低土温。为抑制幼苗徒长，促进雌花形成，可在第 2 片真叶出现时喷施乙烯利，浓度为 $100\mu g/L$。

（四）定植及定植后的管理

播种后 10d 左右、幼苗长至 3 片真叶时为定植适期。定植前施优质有机肥每公顷 75 000 ~ 90 000kg 作基肥，做成 50cm 小行、80cm 大行的垄，或 1.3m 宽的畦。垄栽的在垄台上开沟，畦栽的在畦面上按 50cm 间距开两条沟，每公顷栽苗 41 000 ~ 45 000 株。

（1）温度管理。秋冬茬黄瓜的定植期温度较高，光照度较大，因此，此期间的温度管理应以通风降温为中心。温室需昼夜通风。进入 10 月后，外界气温逐渐下降，当外界最低气温降到 12℃时，夜间就必须关闭通风口，白天通风，保持白天 25 ~ 35℃，夜间 13 ~ 15℃。进入严冬季节，应加强保温，有条件的可加盖草苫或采用双层覆盖。

（2）肥水管理。这一茬黄瓜在定植后也应进行蹲苗，以促进根系发育，适当控制地上部分生长。在根瓜开始膨大时，开始追肥灌水，每公顷追施尿素 150 ~ 225kg，追肥后灌大水，并加强通风。结果期温室白天温度仍然较高、光照度较大，所以灌水宜勤，以土壤见干见湿为原则。灌水在早晨或傍晚时进行。随着气温逐渐下降，光照减弱，应逐渐减少灌水次数，遇阴雨天气不宜浇水。结果盛期再追肥2次，每公顷每次施硝酸铵300~450kg。结果后期不再追肥，土壤不干就不浇水。

（3）植株调整。秋冬茬黄瓜的整枝，摘除病、老、黄叶及畸形瓜的要求与冬春茬相同。但因其生长期较短，可在茎蔓长到25节时摘心。如植株生长健壮，温光及水肥条件较好，则可通过促进回头瓜的生长发育来增加产量。

（五）采收

根瓜应及早采收，防止坠秧。在结瓜前期，瓜条生长速度快，每隔1~2d采收1次，有时甚至每天采收1次。后期瓜条生长速度变慢，同时市场黄瓜也已短缺，在不影响质量的情况下，可尽量延迟采收，以增加收益。

三、日光温室春茬黄瓜栽培

日光温室春茬栽培是传统的栽培方式，其上茬可以栽种芹菜、韭菜及其他绿叶菜或生产秋冬茬番茄。在北纬41°以北地区有辅助加温设备的日光温室早春茬黄瓜栽培比较普遍。春茬栽培适宜的品种、浸种催芽的方法、播种和育苗方法、苗期管理、定植及定植后管理等与冬春茬相比有许多共同之处，也有其不同点。

（一）播种期与定植期

播种期一般在11月中下旬至12月上中旬，具体的播种期应根据当地气候条件和前茬作物的倒茬时间来确定。定植期在1月中旬至2月初，而拉秧时间和冬春茬相差不多，或略早一些。因此，如何提早采收，延长采收期，便成为春茬黄瓜栽培的关键。其措施之一是培育大龄壮苗。适宜的苗龄指标为：5~6片真叶，16~20cm高，45~50d育成。

(二) 苗期管理

育苗期的管理，防止徒长、促使雌花早分化、节位低、数量多、提高抗逆性为目标。所以，在管理上要既不过于控制水分，也不浇水过多，即采取控温不控水的方法培育壮苗。在苗期管理上要随着幼苗生长，逐渐加大苗间距，使黄瓜苗全株见光。同时按大、小苗分类摆放，把较大的苗子放在温室温度较低的位置，把较小的苗子放在温度较高的位置，适当浇些水，促其加快生长，使育出的苗大小基本一致。

(三) 定植后管理

在定植后的缓苗期密闭温室保温，遇到寒流可在温室内加盖塑料小棚，白天揭开薄膜使幼苗见光，夜间覆盖薄膜保温。缓苗后进行变温管理，方法与冬春茬相同。从初花期到结瓜盛期约90d，外界温度开始升高，光照度增加，可于根瓜开始膨大时追肥灌水。但是此期间常有寒流袭击，所以这一次灌水应选择寒流刚过、晴好天气刚刚开始时灌水，水量不要太大。追肥量每公顷施硝酸铵225~300kg。在春茬黄瓜生长的中、后期应随着外界温度的升高，逐渐加大通风管理，室外的草苫由早揭晚盖，到最后全部撤除草苫。雨天要关闭通风口，防止雨水侵入。当外界温度不低于15℃时，可揭开薄膜昼夜通风。茎蔓长到25节后摘心。生长后期除了加强水肥管理外，还应注意加强对病虫害的防治。追肥以钾肥为主，每公顷追施硫酸钾150~225kg。

第二节 塑料大棚栽培

塑料大棚黄瓜栽培的基本茬口有春季早熟栽培和秋季延后栽培。高寒地区因夏季不太炎热，黄瓜可在棚中顺利越夏，进行从春早熟到秋延后的一茬栽培。

一、春季早熟栽培

(一) 品种选择

要求品种早熟、丰产、抗病,多在主蔓第4~6节着生第一雌花,雌花数量适中,单性结实率高。株型紧凑,侧枝不宜过多,叶片较小适于密植。耐寒、耐弱光,对霜霉病、白粉病、疫病、枯萎病、细菌性角斑病等有较强的抗性。近年来市场对鲜食用的小果型黄瓜需求量增加,也适宜大棚春早熟栽培。

(二) 育苗

一般苗龄40~50d,穴盘育苗则为30d。应根据各地气候条件确定适宜定植期(表4-3),并推算出播种期。

表4-3 各地区适宜定植时期

地区	定植时期
东北、西北、华北北部寒冷地区	4月下旬
华北平原、辽东半岛、中原地区北部	3月下旬至4月上旬
华中地区	3月上中旬
长江流域的江苏、浙江等地区	3月中下旬

育苗方法与日光温室冬春茬黄瓜栽培相似,但以下问题需注意:

(1) 塑料大棚春黄瓜栽培密度为每公顷50 000~60 000株,以此推算苗床播种面积约为600m^2,用种量为1.50~2.25kg。

(2) 选择饱满种子,用55℃温水浸种15~20min,转入28~30℃水中继续浸种8~10h,捞出后可用40%甲醛溶液浸泡种子10~

20min，或用 50% 多菌灵 600 倍液浸种 30min，洗净后置 28~30℃ 条件下催芽，约 24h 后，70% 以上种子的芽（胚根）长 1mm 时即可播种。

（3）选择晴天上午播种为好，每个育苗钵或营养土方播 1 粒种子，播种深度 1cm 左右，不可太深。播后覆土（或细沙）1.0~1.5cm。为保湿苗床上也可加盖地膜，但出苗后需及时揭开薄膜。

（三）苗期管理

春季早熟栽培黄瓜苗期管理要点见表 4-4。

表 4-4 苗期管理要点

时期	温度管理	水分管理	光照管理
幼苗出土后	前半夜维持 16~17℃，后半夜降到 10~12℃，凌晨前再下降 1~2℃，使夜间平均气温经常保持比土壤温度约低 3℃ 的水平，而白天最高温度不宜超过 35℃，通过加大昼夜温差可以防止徒长	苗期土壤水分含量不能过大，以 25%~28% 为宜	有条件的在苗期进行人工补光是培育壮苗和早熟丰产的有效措施
第 2 片真叶展开以后	掌握的温度指标和前一阶段基本相同，也必须采取适当加大昼夜温差的变温管理方法		
第 3 片真叶展平后	分苗后 3~5d 缓苗过程，温度可略有提高以促进根系生长，此后随着天气的逐渐转暖而逐步加大通风和延长光照时间，并降低气温		
定植前 7~10d	进行低温锻炼		

（四）定植

在定植前必须把施基肥、翻耕整地、做畦或起垄和覆盖地膜等准备工作做好，使土壤温度尽早回升，待 10cm 地温不低于 12℃，气温不低于 5~7℃ 并能稳定 3~5d，方可定植。选晴天的 9：00~

15:00定植，此时地温、气温较高，有利缓苗。定植深度以苗坨和畦面相平为准，不能太浅。定植水不要太大，以免降低土壤温度。

（五）定植后的管理

（1）缓苗期。缓苗阶段的管理要点是提高气温和地温，促进根系生长和缓苗。可进行多重覆盖，如覆盖地膜、保温幕、扣盖小拱棚、棚侧设置围裙或采取临时加温措施。缓苗后大棚内白天保持在25~30℃，夜间10~15℃，下午25℃关闭通风口。苗期要控制浇水，可中耕松土，促根壮秧。

（2）结瓜期。从根瓜坐住到采收，在管理上要注意夜间防寒，同时加强大棚通风管理，调节温、湿度。结瓜期白天气温保持在25~30℃，最高32℃，夜间最低10℃。白天棚温达到30℃时开始通风，下午降至26℃时关闭通风口，以储存热量，使前半夜气温能维持在15℃左右，后半夜不低于10℃。春季早熟栽培，在定植初期土壤温度是影响根系发育和早期产量的关键。塑料大棚内空气相对湿度很高，应注意降低过高的空气湿度。

肥、水管理：黄瓜容易吸收钙、镁等离子，而对钾离子吸收少。根据以上生理特点，大棚黄瓜的肥、水管理应强调施基肥。基肥施用量多以每公顷75t为基准，基肥种类应以粗质有机肥为主。定植当时必须适量浇水，防止地温下降，以后灌一次缓苗水。缓苗以后到采收之前是水分管理的关键时期，土壤含水量会影响黄瓜的雌雄花数，进而影响产量。进入采收期后，视灌水的方式：一般沟灌每公顷每次灌水量为225~300m^3，滴灌每公顷每次120~150m^3。当土壤含水量22%左右或土面见干时即可灌水。

（六）植株调整

应在及时绑蔓（或绕茎）的基础上，根据品种的结果习性进行植物调整。主蔓结瓜为主的品种侧蔓很少，主蔓要在第20节以上进行摘心。若黄瓜品种的生长势强，侧蔓多，则根瓜以下的侧蔓要一律摘除，根瓜以上的侧蔓，在第一雌花前面留 1~2 片叶及时摘心。黄瓜的卷须也应及时摘除，以节约养分。此外，当植株生长至屋面时要往下落蔓约 0.5m。

（七）采收

果实的采收标准常因品种特性、消费习惯和生长阶段的不同而有所差异。生长异常的畸形幼果应尽早摘除，采收初期宜收嫩瓜，防止"坠秧"而影响到总产量。采收盛期植株长势旺盛，果实可以长至商品成熟期再收，以增加产量。"迷你"型小黄瓜，多为主侧蔓同时结瓜，除基部侧枝可少量摘除外，其余侧枝应保留，否则会影响总产量。

二、秋延后栽培

（一）品种选择

大棚黄瓜秋延后栽培的气候特点是前期高温多雨，后期低温寒冷，所以不必强调早期产量，关键是要选用抗病、丰产、生长势强，而且苗期比较耐热的品种。切忌用春黄瓜品种进行秋延后栽培。

（二）育苗技术

（1）播种期的确定。一般华北地区的播种适期为 7 月下旬至 8 月上旬，南方的适宜播期为 8 月下旬至 9 月上旬，而高寒地区则宜在 6 月下旬至 7 月上旬，或将春茬延续生长到秋季，一茬到底。

（2）播种方式。秋延后黄瓜一般采用直播，但直播时由于苗子分散，不便集中护理，为了节约种子，便于管理，建议采用育苗移栽。

多数地方是采取扣棚后直播，扣棚也只覆盖棚顶部分，主要起到防雨和遮阴的作用,四周必须敞开保持良好的通风条件。如果使用的是新的普通农膜,则可以在经过 20~30d 的暴晒之后,将薄膜翻转过来再固定,这样就可以获得比无滴膜还好的无滴效果。敞棚直播的播后需要在播种穴上收起土堆,在播种沟上扶成鱼脊背形,以保墒防雨拍。待播后 3~4d 小苗拱土时再刮去土堆和鱼脊背。穴播时每穴分散着点播 2~3 粒种子,沟播时按粒距 7~8cm 均匀撒播。直播的分 2 次进行间定苗,第 1 次在 2 片子叶展平时,首先剔除病、弱、残苗。结合间苗进行查补苗,补苗时要起大坨,浇大水,确保成活。第 2 次在 4 叶期,去弱留壮。条播的 25cm 左右选留 1 株,穴播的每穴留 1 株,其余掐除。

如采用育苗移栽,则育苗畦要选择地势高、排水好的地块,并要搭阴棚降温、防雨。苗龄为 20d 左右、具 1 叶 1 心时即可定植。

(三) 定植前的准备和定植

在大棚的前茬作物拉秧后,及时清除残茬和整地施肥。如果前茬作物施肥较多,这茬可每亩再施优质有机肥 2 000~3 000kg,过磷酸钙 50kg,硫酸钾 15kg。前茬作物肥料不足时,每亩则要施用优质农家肥 4 000~5 000kg,过磷酸钙 75kg、硫酸钾 20~25kg、饼肥 100~150kg。耕翻耙耱后,作高畦或起垄栽培,以有利于排水保苗。一般掌握大行距 70~80cm,小行距 50~60cm。做高畦时,畦高 20~30cm(南方可高),畦面宽 80cm,畦间沟上口宽 30cm。在畦上相距 60cm 栽 2 行,便形成了 70cm×60cm 大小行的种植格局。

秋延后大棚黄瓜因前期环境条件有利于黄瓜的营养生长,若密度较高,进入冬季后会因枝叶茂盛而致叶片互相遮阴,使叶层间光照条件变劣,群体光合效率下降,造成大量化瓜,产量下降。所以栽植密度可比春茬黄瓜稀一些,对提高群体产量有利。

(四) 乙烯利处理

一般在 2 叶期用乙烯利处理 1 次即可,在晴天 16:00 以后,将配制好的药液均匀喷施在全株叶片及生长点,力求雾粒细微,以便使第一雌花着生在主茎第7~8节位。这样可以有充足的时间长茎叶,为争取后期产量奠定基础。同样,如果发现所用品种雌花出现节位低、数量多,就要及早将第7~8节以下瓜纽全数摘除,否则就要出现植株生长不整齐、结瓜畸形的问题。如果已经出现这种情况,唯一的办法就是摘除所有大小瓜纽,肥水猛攻促进茎叶加快生长,促使植株转入正常。

(五) 温、湿度调节

北方地区8月初至9月中旬气温较高,要求除棚顶外四周敞开通风并应遮阳降温。9月中旬前后,当外界夜间气温降至15℃左右时,要及时关闭风口。9月下旬至10月中旬是秋大棚黄瓜生育旺盛的阶段。这一个月的时间棚内外温度适中,符合黄瓜的生育要求,是形成产量的关键时期。在这一阶段,白天棚温调节在25~30℃,夜间15~18℃,只要不低于15℃,通风口就不要关严。这一阶段的管理既要注意白天的通风换气,降低空气湿度、防病害,又要注意夜间的防寒保温。10月中旬以后到拉秧气温下降快,黄瓜生长速度减慢,收瓜量减少。这一阶段的温、湿度调节,应着眼于严密防寒保温,尽可能地延长瓜秧的生育期,防止瓜秧受冻害,并利用中午气温较高时,进行通风换气,尽可能使棚内相对湿度降至85%以下。

(六) 水、肥管理

直播苗播后3~5d幼苗开始出土,一般应顺沟浇大水,降低地温,控制秧苗徒长。育苗移栽时必须在浇好稳苗水和定植水的基础上,在随后的4~5d接连浇2水,其作用首先是降低地温,其次是满足秧苗对水分的需要。如果错过了这两次浇水的机会,造成秧苗损伤,以后挽救很难成功。注意小水勤浇,如果发现叶黄苗弱,则应结合浇水冲施速效氮肥或氮磷钾复合肥。敞棚直播或定植的,要及时排出田间积水,同时做到雨后立即喷洒防治黄瓜霜霉病的药剂,并搞好雨后中耕松土。插架后适当控制浇水。

定植后 30~60d 是这茬黄瓜旺盛生长期和结瓜盛期,浇水追肥必须跟上,一般 4~5d 浇 1 次水,1 次清水 1 次水冲肥。追肥多以氮素化肥为主,每亩每次施用尿素 15~20kg。以后浇水追肥间隔期可适当延长。结瓜期每 7d 左右喷洒 1 次尿素+磷酸二氢钾混合液,加入植物光合促进剂和光呼吸抑制剂。

棚内日均温 15~18℃时进入低温期,追肥浇水也要随着天气的变冷、棚内温度的降低而减少。浇水的间隔期可以逐渐延长到 8~10d,追肥也应使用硝酸盐肥料。后期一般不再浇水,否则,会加速植株早衰。但要继续搞好叶面追肥,提高植株抗寒能力和抗逆性。同时将下部黄老病叶摘除,以减少养分消耗,增加植株下部的通风透光,减少病害发生。

(七) 植株调整

结合绑蔓摘除雄花和主茎 80cm 以下的侧枝。主蔓长有 22 节约高 170cm,就将主茎摘心,以促进侧枝发生。从腰瓜以上的叶节中选留 3~4 个侧枝,每侧枝留 1 个瓜,瓜前留 1~2 片叶摘心。

(八) 收获

秋大棚黄瓜从播种到始收一般只需 40~45d,秋大棚黄瓜开始采收时,露地黄瓜也还在生长,为了排开上市,提高经济效益,可将产品收获后进行短期储藏,陆续投放市场。秋大棚黄瓜生育期短,第 1 条瓜不宜采收过迟,否则会影响第 2 条瓜及侧蔓瓜的发育,增加化瓜率。棚内最低温度降到 5~8℃,就要将商品瓜全部采下,以防发生冻害。

第三节 露地栽培

一、春露地栽培技术

(一) 品种选择

应选择耐寒、早熟、商品性状好、丰产、抗病性强的品种。

(二) 育苗方法

现多采用改良阳畦进行育苗。华南地区则用塑料小拱棚或露地育苗。在这些设施中,可采用冷床育苗、温床育苗、营养基质育苗等方法。具体方法参照日光温室冬春茬黄瓜栽培。

(三) 种子处理

采用温汤浸种法对种子表面进行消毒处理。将干种子放入55~70℃的温水中处理10min,使温度降至28~30℃时,浸种4~6h,淘洗干净后催芽。也可用0.1%的多菌灵盐酸液浸种1h,用温水冲洗后再用清水浸种4h,而后催芽。适宜的催芽温度为27~30℃,经24h后开始出芽。当大部分种子露出根尖时,维持在22~26℃,经2d左右可出齐,待晴天时播种。

(四) 播种

春黄瓜的适宜播种期一般在当地适宜定植期前35~40d,每公顷播种量一般为2~3kg。在育苗床上扣好塑料薄膜拱棚,封严,并于夜间加盖草苫保温。出苗期白天温度25~30℃,夜间保持18~20℃。各地春露地黄瓜栽培时期见表4-5。

表 4-5　各地春露地黄瓜栽培时期

代表地区	播种期	定植期	收获期
拉萨	5月上旬	6月中旬	7月上中旬
西宁	5月初	6月上旬	7月上旬
呼和浩特、哈尔滨	4月中下旬	5月底	6月中下旬
乌鲁木齐、长春	4月中下旬	5月中旬	6月中下旬
沈阳、兰州、银川、太原	3月底至4月初	5月中旬	6月中下旬
北京、天津、石家庄、西安	3月中旬	4月下旬	5月中下旬
昆明、郑州、济南	3月上旬	4月中旬	5月上旬
上海、南京、合肥	2月下旬至3月上旬	4月上中旬	4月中下旬
武汉、杭州	2月中下旬	3月下旬	4月中旬
长沙、成都、贵阳	2月上中旬	3月中旬	4月上中旬
南昌	1月下旬至2月上旬	3月上旬	3月下旬至4月上旬
福州	1月上中旬	2月中旬	3月上中旬
广州、南宁	12月下旬至翌年1月上旬	2月中旬	3月上旬

（五）苗期管理

黄瓜苗期温度管理指标见表 4-6。

表 4-6　黄瓜苗期温度管理指标

生长时期	管理目标	温度指标（昼/夜）/℃
播种至子叶展开	促进出苗快，出齐苗	(23~30)／(17~20)
子叶展开至真叶显露	子叶充分展开，防止高脚苗和苗期病害发生	(20~22)／(12~15)
真叶显露至定植前7~10d	达到壮苗标准，促进雌花分化，防止徒长	(22~25)／(13~17)
定植前7~10d	增强幼苗适应性，提高抗风险能力	(15~20)／(8~10)

（六）定植

（1）准备。黄瓜忌连作，应选择疏松、肥沃、排灌水便利、最好是 3 年未种过瓜类作物的地块种植。冬闲地应于入冬前先行冬耕与晒垡，翌年土壤化冻后，铺施腐熟优质有机肥 75 000kg/hm²、磷酸二氢铵 750kg/hm² 后再行春耕。一般北方地区降雨少，多作平畦便于浇水，畦宽 1.2~1.5m；南方地区降雨多，多作高畦便于排水，畦宽 1.5m，沟深 25cm。东北地区多以垄作为主。地膜覆盖栽培时通常采用高畦或垄作形式，有利于保墒，提高地温，对促进根系生长、提早采收有利。在定植前，每公顷增施饼肥 1 500~2 250kg、复合肥 450~600kg 或过磷酸钙 375~450kg。

（2）定植期。宜在当地终霜期后，10cm 处土壤温度稳定在 12℃以上，夜间最低气温稳定在 5~8℃时才能定植。

（3）定植密度。北方地区由于春季光照充足、通风良好，适当增加密度有利于实现增产、增效，一般株行距为（25~30）cm×（65~75）cm，每公顷栽植 45 000~60 000 株。长江中下游地区阴雨天较多，定植不宜过密，一般株行距为（16~33）cm×（70~100）cm，每公顷为 40 000~50 000 株。此外，主蔓结瓜品种密些，主侧蔓结瓜品种稀些；小架栽培密些，爬地栽培稀些。爬地栽培的行距 1.3~2.0m，株距 16cm 左右，每公顷栽植 30 000~45 000 株。

（4）定植方法。定植时宜选择晴好天气，定植深度以土坨与畦面相平即可。定植方法有开沟栽和穴栽。春黄瓜露地栽培采用塑料薄膜地面覆盖有利于其早熟高产。在黄瓜定植前或定植后覆盖好无色透明薄膜，最好采用高畦或垄作更能发挥薄膜效果。

（七）水肥管理

春黄瓜定植后缓苗期 5d 左右，其间平畦栽培而土壤干旱时应浇缓苗水，然后封沟平畦，中耕保墒，以促根蹲苗。到收获根瓜前后，一般中耕 2~3 次。高畦栽培而降雨量大时，缓苗后应尽量排水，防止畦面和畦沟积水。到收获根瓜前后，开始追肥灌水，以促进蔓叶与花果的生长，保持蔓叶、根系的更新复壮。第一次追肥应以迟效优质肥料为主，每公顷施饼肥、粪肥等1 500~3 000kg，其他按有效成分适量施用，过磷酸钙每公顷150~225kg。追肥以速效肥为主，化肥与农家有机液肥应间隔施用。北方通常15d追肥1次，5~7d灌1次水，南方通常3~5d追1次液肥。每公顷追肥量一般为农家有机液肥37 500~45 000kg、复合肥375~450kg、过磷酸钙225kg。基本上相当于每公顷产75 000kg黄瓜的三要素吸收量。每茬每公顷春黄瓜的总灌溉量为3 000~4 500m³。

（八）支架与整枝

黄瓜以搭架栽培为主。大架高1.7~2.0m，小架高0.7~1.0m，一般采用"人"字花格架，于蔓长0.3m左右时引蔓上架，然后每3~4节绑一次蔓，同时打杈，摘除卷须，满架后摘顶。为防止养分分散，促进主蔓生长，应将根瓜以下的侧枝及时摘除。根瓜以上叶节处所形成的侧枝，可在瓜后留2片叶摘心，以增加结果数，提高产量。当植株发育到中后期时，及时摘除基部老叶、病叶。

（九）采收

从定植到开始采收，一般早熟品种需18~25d，中晚熟品种需30d左右。一般根瓜应适当早采，以防坠秧；中部瓜条应在符合市场消费要求的前提下适当晚采，通过提高单瓜重来提高总产量；上部所结的瓜条也应当早采，以防植株早衰。结瓜初期2~3d采收1次，结瓜盛期可以每天采摘。畸形瓜要及时摘除，以集中养分供正常瓜的生长。商品瓜宜在早晨采收，以保持鲜嫩。

二、夏秋季露地栽培

（一）品种选择

选择适应性强，抗病性和耐热性强，在长日照条件下易于形成雌花的中晚熟品种。

（二）栽培季节

夏秋黄瓜的播种期范围较广，栽培季节因地区而异。一般是在当地晚霜过后露地直播或做畦养苗，育苗时日历苗龄30d左右。晚霜后1个月左右定植，定植25d左右开始收获，供应期50~60d。其主要采收期是在高温多雨季节，栽培有一定难度。由于此期正是市场的蔬菜大旺季，产值一般不高，加上生产有一定难度，在华北地区栽培不多。东北、西北等高纬度和高寒地区的气候条件则相对比较有利于这茬黄瓜的生产。

（三）地块选择及整地作畦

宜选择排灌通畅、透气性好的壤土种植。最好选用3~5年未种过瓜类作物的地块，实行严格轮作甚为重要。前茬以葱、蒜、豆类为好。为改善土壤透气性和提高保水保肥能力，应多施有机肥，并注意氮、磷、钾肥配合施用。施肥后应精细整地，土肥混合均匀。耕地深度以15~16cm为宜。灌水、排水沟要在整地作畦的同时做好。作畦方式有小高畦、高垄等方式。生产实践表明，作畦方向以南北向优于东西向，南北向通风较好，可减少高温、多湿的不良影响。

（四）播种

夏秋黄瓜可以直播，也可育苗移栽。一般用干种子直播，可用温水浸种3~4h后播种。在预先准备好的播种沟内点播种子，每穴播种2~3粒，穴距20~22cm。播种后覆土镇压，而后浇水。采用高畦栽培可覆盖地膜。每公顷用种量为3 000~3 750g。

（五）苗期管理

播种后应保持土壤湿润，一般浇2次水后即可出齐苗。幼苗期不能过分蹲苗，应促控相结合。幼苗出土后抓紧中耕，如表现缺水时及时浇水，并配合少量追肥提苗。浇水后或雨后，还要及时中耕。在子叶展开时进行第一次间苗，出现 1~2 片真叶时进行第二次间苗，间除过密苗和畸形苗。当幼苗出现第 4 片真叶时定苗，每公顷定苗 6.75 万株左右。定苗后，施肥、浇水、浅中耕 1 次，每公顷施硫酸铵 150kg 左右。

（六）支架、绑蔓、中耕除草

定苗后浇水，随即插架绑蔓。绑蔓时结合整枝，一般主蔓 50cm 以下的侧枝摘除，以上的侧枝瓜前留 1~2 片叶摘心。拉秧前 20d 左右摘心。需进行多次中耕除草；中耕不宜过深，一般为 2~3cm。

（七）结瓜期管理

当根瓜坐瓜后可进行追肥。先将畦面松土，然后每公顷撒施腐熟有机肥 6 000~7 500kg。在保证植株对肥水要求的同时，还需注意使田间不积水，保持土壤良好的通透性。夏、秋黄瓜追肥要采取少施、勤施的方法。一般每采收 2~3 次，进行一次追肥，每次每公顷施硫酸铵 150kg，或腐熟的农家有机液肥 7 500kg。化肥和有机肥可交替施用。无雨时，要做到小水勤浇，最好于傍晚或清晨浇水。大雨后要及时排水，热雨后要用井水串浇，即所谓"涝浇园"。夏秋黄瓜易出现畸形瓜条，主要是因植株营养状况不良，矿质营养和水分吸收不平衡，或因气温过高、雨水过大、受精不良，或种子发育不均匀造成的。具体防治方法参照病虫害防治部分相关内容。

（八）采收

采收时间要求不严格，结瓜后天气逐渐转凉爽，故在中后期要加强田间管理，尽量延长瓜的采收期，以提高产量，采摘时间应掌握在早、晚，以确保瓜的品质。

第五章 黄瓜病虫害防治技术

黄瓜病虫害的特点是来势猛，危害重，传播快，如不及时防治，将给黄瓜生产造成毁灭性的损失。在流行年份受害地块黄瓜减产20%~30%，严重流行时损失达50%~60%，甚至绝收。在棚室保护地的特殊生态环境条件下，大棚黄瓜的病虫害重于露地黄瓜，而且大棚黄瓜病虫害的发生种类、数量及危害程度近年来都有明显增加，已成为黄瓜生产的主要障碍，严重影响产量和品质，给菜农造成很大的经济损失。因此，做好黄瓜的病虫害防治工作，有着明显的经济效益和社会效益。

第一节 侵入性病害

一、黄瓜猝倒病

黄瓜猝倒病，俗称绵腐病、卡脖子病等，不仅是黄瓜、西瓜、甜瓜、丝瓜等瓜类作物苗期的主要病害，也是各种蔬菜苗期的主要病害。严重时幼苗成片死亡，甚至毁苗，延误适期定植。结果期染此病易造成烂果。

（一）症状特点

苗期和成株期均可染病，但主要危害幼苗。幼苗期发病，茎基部有水渍状浅黄绿色病斑，病部组织很快腐烂凹陷变成黄褐色，干枯缢缩为线状。往往当子叶尚未凋萎，幼苗突然猝倒后贴伏地面，有时瓜苗刚出土，下胚轴和子叶已普遍腐烂，变褐枯死。湿度大时，病部长出白色棉絮状菌丝体。苗床初见少数幼苗发病，几天后迅速蔓延，子叶青绿时幼苗已成片倒伏死亡。此病主要在幼苗长出 1~2 片真叶期发生，3 片真叶后发病较少。结果期遇低温、弱光、湿度大的情况时果实易染此病。病菌易从果脐部或伤口处侵入，造成烂果。在空气湿度大时，果实病部表面见有白色棉絮状物，即菌丝体。

（二）病原及发病规律

猝倒病是由鞭毛菌亚门的瓜果腐霉真菌侵染所致。有报道指出，引起瓜苗猝倒病的病原还有刺腐霉，疫霉属的一些种及丝核菌也引致幼苗子叶出现萎蔫型猝倒病。病菌以卵孢子在 12~18cm 表土层越冬，并在土中长期存活。遇有适宜条件即可萌发产生孢子囊，以游动孢子或直接长出芽管侵入寄主。此外，在土中营腐生生活的菌丝也可产生孢子囊，以游动孢子侵染瓜苗引起猝倒。田间再浸染主要靠病苗的病部产生孢子囊及游动孢子，借灌溉水流或溅水而附着到近地面的根茎或果实上，引致更严重的发病。由于猝倒病菌可在瓜苗皮层薄壁细胞中扩展，菌丝蔓延于细胞间或细胞内，随后在病组织内形成卵孢子，故病残体可带菌越冬，在棚室内病残体可直接带菌侵染。所以此病一旦发现，蔓延很快。

此病菌最适宜的生长温度为 15~16℃，10℃的时间较长时病菌不生长但存活。育苗期出现低温、高湿条件有利于发病。幼苗子叶的营养基本用完，新根尚未扎实之前是易感病期。这时真叶未抽出，自养能力弱，抗病力也弱，若遇阴雨雪天气，光照度低，光合作用弱而呼吸速率大，幼苗因增加营养少，消耗营养多，幼茎细胞伸长，细胞壁变薄，病菌会乘机侵入。因此，1~3 片真叶期的幼苗易发生此病，幼苗长至 3 片真叶之后发病较少。结果期遇到低温、潮湿气候条件，果实也易感染此病。

(三) 防治方法

（1）进行土壤和种子消毒。

（2）加强通风，降低棚内湿度，同时应设法提高棚内温度。

（3）药剂防治。发病后可喷洒3%噁霉·甲霜水剂500倍液，或30%噁霉灵可湿性粉剂800倍液，或64%噁霜·锰锌可湿性粉剂600~800倍液，或68%精甲霜·锰锌水分散剂600~800倍液，或5%井冈霉素水剂1 500倍液。土壤较为干燥时，也可用上述药剂灌根治疗。

二、黄瓜立枯病

黄瓜立枯病又称烂根、枯苗、死苗病。此病不仅危害黄瓜等瓜类作物，还危害茄果类、豆类等各种蔬菜。各种类型的苗床均可发生，严重时造成成片毁苗。

(一) 症状特点

多发生于苗床温度较高或育苗后期，幼苗自出土至移栽定植都可以受害。早期病苗白天萎蔫，晚上可恢复。主要受害部位是幼苗茎基部或地下根部。初在茎基部出现暗褐色椭圆形病斑，并逐渐向里凹陷，边缘较明显，扩展后绕茎一周，致茎部萎缩干枯后，瓜苗死亡，但不倒伏。潮湿时病斑处长有灰褐色菌丝。根部染病多在近地表根茎处，皮层变成褐色或腐烂。开始发病时苗床内仅个别苗在白天萎蔫，夜间恢复，反复数日后病株萎蔫枯死。发病初期与猝倒不易区别，但病情扩展后，病株不猝倒，死亡的植株是立枯不倒伏，故称为立枯病，这也是有别于猝倒病的主要症状。另外，病部具轮纹或不十分明显的淡褐色蛛丝状霉，即病菌的菌丝体或菌核，且病程进展较缓慢，这也有别于猝倒病。

(二) 病原及发病规律

立枯病是由半知菌亚门的被称为立枯丝核菌的真菌侵染所致。此病菌的有性阶段称为丝核薄膜革菌或瓜土革菌。立枯病菌主要以菌丝体传播和繁殖。菌丝体或菌核在土壤中越冬，且可在土中腐生 2~3 年。菌丝能通过水流、土壤、农具传播直接侵入寄主。

立枯病菌的发育适温为 24℃，最低 13℃，最高 42℃。适宜 pH 值为 3.0~9.5。温度过高、播种留苗过密或疏苗不及时易诱发此病。

黄瓜等瓜类蔬菜作物的立枯病，与番茄、茄子等茄科蔬菜，以及豆科、十字花科、菊科蔬菜作物的立枯病是由相同病原菌引起。一般高温、高湿条件育苗时此病发生较重。

(三) 防治方法

(1) 与非瓜类蔬菜实行 2 年以上轮作。

(2) 从无病株留种或进行种子消毒，可采用温汤浸种，一般为 52℃ 浸种 30min，也可用种子重量 0.3% 的 75% 百菌清可湿性粉剂拌种。

(3) 加强大棚温湿度的调控，创造高温、低湿的生态环境条件，控制蔓枯病的发生与发展。温室内夜间空气相对湿度较高，一般在 90% 以上，早上拉起草帘后，要尽快打开通风口，通风排湿，降低棚内湿度，并以较低温度控制病害发展。9:00 后室内温度上升较快时，关闭通风口，使温度快速提升至 33℃，并要尽力维持在 33~35℃，以高温度和低湿度控制病害发展。16:00 后逐渐加大通风口，加速排湿。覆盖草帘前，只要室温不低于 16℃ 就要尽量加大风口；若温度低于 16℃，须及时关闭风口进行保温。

(4) 药剂防治。发病前可每 10~15d 喷洒 1 次 1:0.7:200 的波尔多液进行保护。发病后可喷洒 50% 咪鲜胺锰盐可湿性粉剂 1 500 倍液，或 25% 嘧菌酯悬浮剂 1 500 倍液，或 47% 春雷·王铜可湿性粉剂 600 倍液，或 10%苯醚甲环唑水分散粒剂 1 500 倍液等进行防治。大棚温室也可用 30%百菌清烟剂每亩用量 250g 熏烟，7~10d 施药 1 次，连续防治 2~3 次。

三、黄瓜炭疽病

黄瓜炭疽病在棚室保护地近年来有逐渐加重的趋势，不仅黄瓜发病重，棚室西瓜、冬瓜、丝瓜、厚皮甜瓜发生炭疽病都较以前加重，尤其是瓜类蔬菜秋冬茬栽培时发生炭疽病比其他茬次重。

（一）症状特点

苗期至成株期均可发病，幼苗期发病子叶边缘出现半圆形或圆形病斑，病斑淡褐色，稍凹陷。重者幼苗近地面茎基部变为黄褐色，逐渐缢缩或从半面缩陷，致幼苗折倒。成株期叶部病斑近圆形，大小不等，初为水渍状，很快干枯成红褐色，边缘有黄色晕圈，常常是几个小病斑连成一个不规则形的大型斑，病斑上轮生黑色小点，潮湿时病斑上生有粉红色黏稠状物质，即病原菌的分生孢子盘和分生孢子。干燥条件下病斑常开裂穿孔。茎上病斑灰白色至深褐色，稍凹陷，表面有时有粉红色小点。瓜条发病时出现圆形淡绿色凹陷斑，后期病斑上产生粉红色黏稠物，常开裂。叶柄或瓜条的病斑上常出现琥珀色胶状物。

（二）病原及发病规律

此病是由属半知菌亚门菌的葫芦科刺盘孢属的一种真菌侵染所致。病菌附着于种子上或随病残体在土壤中越冬，成为第 2 年的初侵染源。土壤中的菌丝体可产生大量分生孢子扩大初侵染源。种子上的菌丝体可直接侵入子叶，引致苗期发病。灌水和某些昆虫都可传播炭疽病。

高湿、高温是发病和流行的主要条件。在适宜温度条件下，湿度越大越容易发病，潜育期也短。在相对湿度87%~95%时，潜育期3d；在湿度小于54%时不发病。发病的适温范围为10~30℃，其中24℃最适发病，发病也最重。8℃以下和30℃以上时病菌停止生长，不发病。大棚通风不良、灌水过多、连作重茬、氮素肥料施量过大时发病重。

（三）防治方法

（1）选用抗病品种。如中农2号、津杂1号等。

（2）种子消毒。

（3）加强栽培管理。控制氮肥用量，增施磷钾肥，喷施叶面肥，并注意控制棚内湿度。也可采用高温闷棚的方法降低病原菌数量。

（4）药剂防治。可用40%多·福·溴菌可湿性粉剂500倍液，或50%咪鲜胺可湿性粉剂1 500倍液，或50%苯菌灵可湿性粉剂1 500倍液，或80%福·福锌可湿性粉剂800倍液等喷雾，7~10d喷1次。

四、黄瓜疫病

黄瓜疫病，菜农称为黄瓜烂尖、烂节、烂瓜病，又称为烂臭病。

（一）症状特点

苗期至成株期均可染病，棚室保护地栽培的黄瓜主要危害茎基部、叶及果实。幼苗染病多从茎蔓嫩尖开始，初呈暗绿色水渍状萎蔫，逐渐干枯呈秃头状，不倒伏。成株染病主要在茎基部或嫩茎部出现暗绿色水渍状斑，后变软，显著缢缩，病部以上叶片萎蔫或全株枯死，同一棵黄瓜上往往有几处茎节部受害，维管束不变色。叶片染病产生圆形或不规则形水浸状大病斑，病斑直径可达25mm，边缘不明显,扩展迅速,病斑干燥时呈青白色,易破裂。当病斑扩展到叶柄时,叶片不垂。瓜条或其他任何部位染病,开始为水浸状暗绿色,逐渐缢缩凹陷,遇湿度大时,病部表面长出稀释白霉,迅速腐烂,发生腥臭气味。

(二) 病原及发病规律

黄瓜疫病是由德氏疫霉侵染所致。此病原菌属于鞭毛菌亚门真菌。此病为土传病害,以菌丝体、卵孢子及厚垣孢子随病残体在土壤或粪肥中越冬,翌年条件适宜时长出孢子囊,借风、雨、灌溉水、溅水传播蔓延,寄主被侵染后,病菌在有水条件下经 4~5h 即可产生大量孢子囊和游动孢子。在 25~30℃ 的条件下,经 24h 潜育即发病,病斑上新产生的孢子囊及其萌发后形成的游动孢子,借气流传播进行再侵染,使病害迅速扩散。病菌生长发育适温为 28~32℃,最高 37℃,最低 9℃。在 28~30℃ 的发病适温范围内,土壤水分是此病流行的决定因素。因此,凡阴雨天气、大棚保护地浇水勤和浇水量大的、或露地栽培黄瓜田遇到雨季来临早、雨量大的情况下,发生此病早,传播蔓延快,危害严重。地势低洼、排水不良、浇水过勤的黏土地及下水头发病严重。此病菌的卵孢子可在土壤存活 5 年,连作地、田园不洁、施带菌肥料或未腐熟的厩肥易发病。

(三) 防治方法

1. 农业防治

(1) 选用抗疫病的品种。采用黑籽南瓜与黄瓜进行嫁接,可防疫病和枯萎病。

(2) 轮作或覆膜。与非瓜类作物实行 5 年以上轮作,覆盖地膜阻挡病菌溅附到植株上,减少侵染机会。采用栽培槽栽植,避免积水。苗期控制浇水,结瓜后做到见湿见干,发现疫病后,浇水量减到最低,控制病情扩展;但进入结瓜盛期要及时供给所需水量,严禁雨前浇水。做到及时检查,发现中心病株,拔除深埋。拉秧后及时清洁田园。施用充分腐熟的有机肥，避免带有病残体和病菌的肥料进入。

2. 化学防治

发病前喷洒70%代森锰锌可湿性粉剂500倍液；发病后可喷洒64%霜·锰锌可湿性粉剂500倍液，或58%锰锌·甲霜灵可湿性粉剂500倍液，或72%霜脲·锰锌可湿性粉剂800倍液等，每7~10d喷1次，连喷3~4次。

3. 生物防治

科学家研究筛选出一株编号为P78的细菌能够对瓜类疫霉菌产生良好拮抗作用，通过摇瓶发酵后接种于室温生长的黄瓜植株上发现，拮抗菌对黄瓜疫病的防治效果平均达到95.2%。对黄瓜疫霉菌拮抗菌进行筛选得到放线菌X54和细菌P3，并进行发酵条件优化，使拮抗菌对黄瓜疫霉菌产生更佳的抑制效果。通过研制复合菌剂PB12防治黄瓜疫病。不过这种生物菌的生产、仓储和运输过程都需要被严格监控，而且技术极为繁杂，可操作性极差。除此之外，在投入使用中，见效慢且效果不稳定，这些缺点导致生产上尚未形成规模化，厂商使用积极性不高，因而在推广应用方面存在一定难度。

五、黄瓜镰刀菌枯萎病

黄瓜镰刀菌枯萎病，又叫黄瓜枯萎病、萎蔫病、蔓割病、毁棵病，除危害黄瓜外，还危害西瓜、甜瓜、丝瓜、冬瓜等，各地普遍发生，尤以棚室瓜类生产上发生最普遍，危害最严重。重茬连作时，一般发病率为10%~30%，重病田病株率达80%以上，死秧严重，减产幅度较大，甚至绝产。

（一）症状特点

此病的典型症状是植株萎蔫，切开根、茎部，可见维管束为黄褐色或黑褐色。黄瓜从幼苗到成株均可感病。幼苗期子叶、幼嫩真叶呈失水状萎蔫，茎基部变褐色并收缩，植株呈猝倒状。成株期发病时，叶片自下而上逐渐由绿变黄。初期中午萎蔫，早晚恢复，几天后整株枯死。茎基部常出现半边纵裂，有胶质溢出，潮湿时病部常长出白色或粉红色霉层（分生孢子）。

（二）病原及发病规律

黄瓜镰刀菌枯萎病是由尖镰孢菌黄瓜专化型真菌侵染所致，病原菌属半知菌亚门真菌。西瓜尖镰孢也可侵染致病。病菌以菌丝体、分生孢子器或菌核在病残体、未腐熟的有机肥或土壤中越冬，或附着在种子上越冬。病菌活力很强，在土壤中可存活5~6年。病菌也可附在大棚温室的架杆、墙体表面上越冬。条件适宜时通过气流、灌溉水或风雨传播，从气孔、水孔或伤口侵入。黄瓜专化型尖镰孢菌除侵染黄瓜、冬瓜外，还侵染西瓜、甜瓜等其他瓜类作物；而西瓜专化型镰刀孢菌主要侵染西瓜、甜瓜，较少侵染黄瓜。黄瓜枯萎病系土传病害，发病轻重取决于土壤中病原菌量的多少。当年侵染的病原菌量越多，则发病越重。

此病菌发育和侵染适温为24~25℃，最高34℃，最低14℃；土温15℃潜育期15d，20℃潜育期9~10d，25~39℃潜育期4~6d。空气湿度90%以上易发病。连作、有机肥未腐熟、土壤过分干旱或土质黏重和呈酸性时易发病，且发病重。

（三）防治方法

（1）选用抗病品种。如长春密刺、津杂系列等。

（2）种子消毒。可用温汤浸种（52℃浸种30min），也可用种子重量0.3%的75%百菌清可湿性粉剂拌种。

（3）苗床消毒。

（4）嫁接防病。用黑籽南瓜作砧木嫁接，是多年重茬老棚黄瓜防治枯萎病的有效方法。

（5）加强栽培管理。培土不可埋过嫁接切口，栽前多施基肥，收瓜后应适当增加浇水，成瓜期多浇水，保持旺盛的长势。

（6）药剂防治。黄瓜发病初期或发病前可用5%丙烯酸·噁霉·甲霜水剂1 000倍液、30%噁霉灵水剂1 000倍液、50%胂·锌·福美双600倍液、70%敌磺钠可溶性粉剂1 000~1 500倍液等药剂灌根，一般5~7d灌1次。

六、黄瓜蔓枯病

黄瓜蔓枯病除危害黄瓜外，还危害甜瓜、丝瓜、冬瓜、西瓜等。棚室越冬茬、冬春茬黄瓜和露地秋茬黄瓜发生此病较重，主要表现为死秧，一般减产20%~30%。

（一）症状特点

主要危害瓜蔓，叶、果也可受害。叶片病斑近圆形、半圆形或沿边缘呈"V"形，淡褐或黄褐色，上面长有许多小黑点，轮纹不明显，后期易破碎穿孔。蔓上病斑多呈椭圆形，淡褐色，多出现在茎节部位，有时溢出琥珀色树脂胶状物。后期病茎干缩，纵裂成乱麻状。此病与枯萎病的主要不同是维管束不变色，也不会全株枯死。

（二）病原及发病规律

黄瓜蔓枯病是由泻根亚隔孢壳（甜瓜球腔菌）侵染所致，此病菌属于子囊菌亚门真菌。无性世代称为西瓜壳二孢，属半知菌亚门真菌。病菌多以分生孢子器在病残体上或棚室内土壤、墙面、架杆上越冬。种子也可带菌，通过灌水、水溅或雨水传播。气温18~25℃、相对湿度高于85%时易发生此病，土壤湿度大时也易发病。连作地、平畦栽培、排水不良、密度过大、肥料不足、寄主生长衰弱等，都是易发病和发病重的因素。

(三) 防治方法

(1) 农业防治。进行合理轮作，每茬作物拉秧后彻底清除作物的枯枝落叶及残体，集中高温堆沤发酵，杀灭病菌；选用抗病品种；选用无病种子，可用 52~55℃ 温水浸种 20~30min 后催芽播种。也可用种子重量 0.3% 的 50% 扑海因可湿性粉剂拌种；适当降低种植密度，采用地膜覆盖，膜下滴灌，施用充分腐熟的有机肥，适当增施磷肥和钾肥，生长中后期注意适时追肥，避免脱肥。发病后加强管理，保护地注意通风。栽培过程中抹除残败的花、卷须，去除老叶都可以有效控制病害的发生。另外，由于不同地区气候条件不同，选择适当的播种期也是一种有效的辅助方法。

(2) 化学防治。定植期间用 10% 苯醚甲环唑水分散粒剂 1 000 倍液，或 75% 敌磺钠可溶性粉剂 1 000 倍液灌根，可以有效预防病菌的感染或消除部分菌源，发病初期选用 32.5% 苯醚甲环唑·嘧菌酯悬浮剂 1 000 倍液进行喷雾，对植株中下部茎蔓及叶片要重点喷施，可间隔 5~7d 喷 1 次，连喷 3~4 次。对于发病严重的茎蔓，可用毛笔蘸 10% 苯醚甲环唑水分散粒剂 200 倍液涂抹病斑部位，防效明显，尤其对流胶处伤口愈合有促进作用。

七、黄瓜根腐病

黄瓜根腐病，菜农俗称为料根枯秧，除危害黄瓜外，还危害丝瓜、甜瓜、冬瓜等。在瓜类蔬菜集中的产区，常发生的黄瓜根腐病有黄瓜幼苗根腐病（黄瓜幼苗腐霉根腐病）、嫁接黄瓜根腐病（拟茎点霉根腐病）、自根黄瓜根腐病（瓜类腐皮镰孢菌根腐病）等。

(一) 症状特点

黄瓜幼苗腐霉根腐病发生在 1~5 片真叶的幼苗期，主要侵染根及茎部，初呈水浸状，后于茎基部或根部产生褐斑，逐渐扩大后凹陷，严重时病斑绕茎基部或根部1周，造成地上部逐渐枯萎。先是导管变为深褐色（纵剖茎基或根部即可发现）随后根茎腐烂，不长新根，植株枯萎而死。

嫁接黄瓜根腐病（拟茎点霉根腐病）的症状是，在嫁接后的第1个月内，嫁接苗发育正常，从坐住头茬瓜至始收期开始发病。但从接穗黄瓜秧上看，病情进展较缓慢，初期叶片失去活力，晴日午间叶片萎蔫，早、晚或阴天恢复原状，持续数天后下部叶片开始枯黄，且逐渐向上扩展，抑制侧枝生长致黄瓜发育不良。检查植株茎基部，用作砧木的黑籽南瓜茎基部呈水渍状变为褐色并腐烂，严重时致全株枯死。发病轻时外部病症不明显，砧木和接穗的维管束也未见变色，但细根变为褐色并腐烂，主根和支根一部分也变为浅褐色至褐色，严重时根部全部变为褐色或深褐色，随后细根基部发生纵裂，且在不整形的纵裂中间产生灰白色的黑带状菌丝块，在根皮组织可密生小黑点，即病原菌分生孢子器。

自根苗黄瓜根腐病主要侵染根及茎部，初呈水渍状，随后腐烂。茎缢缩不明显，病部腐烂处的维管束变为褐色，不向上发展，有别于枯萎病。后期病部往往变糟，留下丝状维管束。病株地上部初期症状不明显，后期中午前后叶片萎蔫，早、晚尚能恢复。严重时则多数不能恢复而枯死。

（二）病原及发病规律

黄瓜幼苗腐霉根病是由结群腐霉和卷旋腐霉侵染所致。这两种腐霉均属鞭毛菌亚门真菌，其传播途径是土壤、有机肥料或病残体中的卵孢子产生游动孢子。游动孢子趋向于根的伸长区和伤口后，静止孢子产生芽管，直接由根伸长区或伤口侵染，穿透根皮组织，菌丝进入根内迅速扩展，上下伸长，产生分枝，继续蔓延，并产生卵孢子，散发游动孢子，继续繁殖再侵染。

嫁接黄瓜根腐病是由拟茎点霉侵染所致。病原菌属半知菌亚门真菌。该菌能侵染黄瓜、南瓜等葫芦科植物。病菌随病残体在土壤中越冬，侵染定植后的嫁接黄瓜致病。病菌发育适温为24~28℃，最高32℃，最低8℃。一般低温对病菌发育有利。在地温15~30℃范围内均可发病，以20~25℃发病最重。

自根黄瓜根腐病是由瓜类腐皮镰孢菌（属于半知菌亚门的一种真菌）侵染所致。此病菌是以菌丝体、厚垣孢子或菌核在病残体上及土壤中越冬。厚垣孢子可在土中存活5~6年或长达10年，成为主要侵染源。病菌从根部伤口侵入，随后在病部产生分生孢子，借雨水或灌溉水传播蔓延，进行再侵染。高温、高湿有利于其发病，连作地、低洼地、黏土地或下水头发病严重。

（三）防治方法

参照黄瓜猝倒病。

八、黄瓜霜霉病

霜霉病是黄瓜较普遍发生的常见病害，在棚室保护地空气湿度较大的环境条件下，此病发展迅速。在中心病株出现后12~14d即可蔓延至全棚室的植株发病，20d后植株叶片全部枯死，造成提早拉秧，一般造成减产10%~30%，重者减产50%以上，群众称此病为"跑马干"。

（一）症状特点

主要表现在叶片上。苗期子叶上出现褪绿点，逐渐呈不规则的枯黄色病斑。在潮湿条件下，子叶背面产生灰黑色霉层，子叶很快变黄干枯。成株期真叶染病，叶缘或叶背面出现水浸状斑点，早晨尤为明显。病斑扩大后受叶脉限制，呈多角形，黄绿色，后变为淡褐色。后期病斑汇合成斑块，甚至成片，全叶干枯，叶向正面卷缩。潮湿条件下叶背面病斑上生出淡紫色至灰黑色霉层，病叶由下向上发展，严重时全株叶片枯死。

(二) 病原及发病规律

黄瓜霜霉病菌是一种专性寄生菌，称为古巴假霜霉菌，属鞭毛菌亚门真菌。周年种植黄瓜或丝瓜的地方，病菌可以周年成活。棚室黄瓜（丝瓜）霜霉病是露地黄瓜或丝瓜霜霉病的初侵染源。病菌主要靠气流、水滴或水膜传播，从寄主气孔或细胞间隙侵入，在细胞间蔓延，靠吸器伸入细胞内吸取营养。病菌在叶组织内也能形成卵孢子，是否可越冬尚有争议，有待研究证明。

高湿是黄瓜霜霉病发生传播的重要条件。病菌产生孢子囊需要83%以上的空气相对湿度，孢子囊萌发和侵入叶片，都需要水滴或水膜。如果叶面干燥，孢子囊不能萌发，2~3d 后即失去萌发能力。因此，叶片上的水滴或水膜是霜霉病发生的决定性因素。霜霉病菌产生孢子囊的适温为 15~20℃，高于 25℃病菌受到抑制，温度越高对病菌的抑制作用越强，日最低温度低于 10℃时很少发生此病。塑料棚室通风不良，湿度大，叶面结露多，温度又多在 15~20℃范围内，且周年种植黄瓜或丝瓜时，适宜霜霉病菌孢子的萌发、侵入及孢子囊的形成。在有侵染水的条件下，温度是霜霉病发生早晚和轻重的主要影响因素。新鲜病叶上的病菌孢子致病力最强，遇水后 30~60min 即萌发，侵染率达 90%左右。病叶离体 5d 后，上面的孢子致病力明显减弱，侵染率下降 50%以上。

有关研究资料表明，黄瓜植株对霜霉病的抵抗性与植株体内可溶性糖含量有关，自上而下倒数 6 节叶片的含糖度大于 2.8°Brix 的植株不发生霜霉病，而小于 2.2°Brix 的植株发生霜霉病。

(三) 防治方法

1. 农业防治

（1）选择抗病品种种植。抗病品种是防治霜霉病的有效手段，生产上抗病品种有津优 10、津优 35、中农 21、中农 16、鲁蔬 869 等。

（2）进行嫁接。利用黑籽或白籽南瓜作为砧木，以抗霜霉病的黄瓜品种作为接穗，嫁接后不但能够有效地防治霜霉病，还能减轻疫病、枯萎病的发生。

（3）栽培槽覆膜栽培。进行膜下沟间灌水或滴灌的方式栽培可以有效地降低棚内相对湿度15%~20%。

（4）生态调控。霜霉病的发生与叶片结露密切相关，减少叶片的结露时间可以有效地防治霜霉病的发生。日光温室在早晨外界温度允许的情况下，通风0.5~1h进行排湿；上午闭棚，温度控制在28~30℃，超过30℃进行通风，加强通风排湿；下午温度降至20~25℃，相对湿度为60%~70%保证叶片上没有水滴，外界温度在10℃以上，傍晚进行2h左右的通风处理，可以大大减少夜间吐水50%左右；晚上闭棚后，温度保持在15℃左右，保证叶片结露的时间不超过2h。该方法还可以防治黑星病、灰霉病、细菌性角斑病。

（5）高温闷棚。选择晴天将发病严重的病叶打掉，进行打药，后浇大水，次日的上午进行高温闷棚。方法为关紧风口，在黄瓜生长点处悬挂温度计，温度上升到45℃，持续2h，可有效地抑制病原菌的蔓延。闷棚时当温度上升到40℃时，进行风口调节，使温度缓慢上升到45℃，维持2h，由小到大开始通风，慢慢降低温度，闷棚温度切忌超过47℃，若生长点小叶开始抱团甚至打弯，要及时通风，以免受伤。闷棚结束后，要加强管理。该方法还可以防治黑星病、灰霉病、黑斑病等。

（6）营养防治。研究表明，黄瓜植株内糖含量降低时，容易诱发黄瓜霜霉病，因此可以进行人工补糖，维持植株体内的C/N平衡，使植株增强抵抗力，补充糖分的方法为喷雾，每间隔5d在叶背面喷施补充糖分1次，喷时添加尿素和水，比例为尿素0.2kg、糖0.5kg、水50kg，严格控制用量，若尿素过多，容易发生肥害。

2. 化学防治

保护地棚室提倡使用烟剂熏蒸和粉尘药剂防治。烟雾法，发病前或发病初期每亩用45%百菌清烟剂220g，均匀放在垄沟内，将棚密闭，点燃烟熏。熏1夜，次晨通风，每隔7d熏1次，可单独使用，也可与粉尘法、喷雾法交替轮换使用。发现中心病株后喷洒53%精甲霜·锰锌水分散粒剂500倍液、70%乙磷·锰锌可湿性粉剂500倍液、47%春雷·王铜可湿性粉剂600倍液、72%霜脲·锰锌可湿性粉剂800倍液，或72.2%霜霉威盐酸盐水剂800倍液，7~10d喷1次。

3. 生物防治

以化学药剂为主的化学防治的措施更容易产生抗药性，同时会造成环境污染，所以生物防治成为目前黄瓜霜霉病防治研究新方向，研究表明，从不同生长环境中的黄瓜上分离和筛选出了具有拮抗作用的生防细菌，并且证明复合菌剂较单剂而言具有较好的防病效果和增产效果。发病后，用农抗120稀释200倍进行喷雾防治，每5d喷雾1次，连续喷雾2~3次。在防治黄瓜霜霉病的同时对黄瓜白粉病也有较好的效果。

4. 臭氧防治

使用温室病害臭氧防治器。臭氧防治必须控制时间在20min以内，浓度必须控制在7~10mg/kg，在这个时间和浓度下防治病害效果能达到90%以上，超出时间和浓度严重时会导致全棚毁秧。

九、黄瓜灰霉病

灰霉病是黄瓜的主要病害，不仅对黄瓜危害较严重，还可使西葫芦、丝瓜等瓜类和西红柿、甜椒、茄子等茄科蔬菜，以及韭菜等多种蔬菜受害。对瓜类蔬菜的危害，西葫芦重于黄瓜。

（一）症状特点

病害危害蔬菜的茎、叶、花、果，造成烂苗、烂花、烂果，潮湿时病部产生灰白色或灰褐色霉层。病菌多从开败的雌花侵入，致花瓣腐烂，并长出淡灰褐色的霉层，进而向幼瓜扩展，到脐部呈水渍状，花和幼瓜褪色、变软、腐烂，表面密生灰褐色霉状物。被害瓜轻者生长停滞、烂去瓜头，重者全瓜腐烂。烂瓜、烂花上的霉状物或残体落于茎蔓和叶片上导致叶片和茎蔓发病。一般叶部病斑先从叶尖发生，初为水浸状，后为浅灰褐色，病斑中间有时产生灰褐色霉层，常使叶片上形成大型病斑，并有轮纹，边缘明显，表面着生少量灰霉。茎蔓发病严重时下部的节腐烂，致使茎蔓折断，植株死亡。

（二）病原及发病规律

黄瓜灰霉病是由半知菌亚门的灰葡萄孢属真菌侵染引起的。病菌以菌丝或分生孢子及菌核附着在病残体上，或遗留在土壤中越冬。病菌孢子可在病残体上存活4~5个月。越冬的病原菌是翌年的初侵染源。病菌靠气流、水溅及农事操作进行传播蔓延。病花、病叶、病果上产生的分生孢子可重复感染发病。光照不足、高湿和较低的温度是灰霉病发生蔓延的重要条件。灰霉病菌发育适温为18~23℃，最低14℃，最高32℃，适宜发育的湿度为持续90%以上的高湿。冬、春阴雪阴雨天气，光照不足，棚温10~15℃且湿度大，结露持续时间较长，以及放风不及时，灰霉病发生较重。棚室温度高于31℃或低于4℃，相对湿度90%以下时，病害停止蔓延。苗期、花期较易感病，萎蔫的花瓣和较老的叶片尖端坏死部分最容易受侵染。西葫芦发病盛期为始花坐果期。灰霉病与栽培密度有关。种植密度大的发病重。如黄瓜每亩栽培4 000株时发病株率为33.2%，而栽培3 000株时发病株率为13.1%。连作的地块较未连作的地块发病重。覆盖地膜可减轻发病。

(三)防治方法

1. 农业防治

(1) 清洁棚室。收获后期彻底清除病株残体以减少棚内初侵染源。苗期、瓜膨大前及时摘除病花、病瓜、病叶,摘除时将病果、花、叶用塑料袋套住后进行处理,以防病菌的传播,处理后带出大棚、温室外深埋,减少再侵染的病源。灰霉病主要以菌核在基质中越夏,日光温室可以利用基质消毒进行病原菌的处理,在拉秧后的7—8月可采用太阳能消毒法或石灰氮或棉隆消毒法进行消毒。

(2) 生态调控。参照黄瓜霜霉病的防治方法进行。

(3) 高温闷棚。参照黄瓜霜霉病的防治方法进行。

(4) 栽培槽覆膜栽培。进行膜下沟间灌水或滴灌的方式进行栽培可以有效地降低棚内相对湿度至15%~20%,还能有效地阻止病菌传播(黑色地膜效果尤佳),另外,利用紫外隔断膜能有效地阻止灰霉病菌、菌核病菌的繁殖。

(5) 合理轮作。在黄瓜种植过程中,要避免茄类、瓜类蔬菜的连续种植,尽量多与豆科类、葱蒜类或白菜类蔬菜进行轮作,这样可以最大限度地降低种植地内病原菌的量,减少侵染源,从而对黄瓜灰霉病进行有效的控制。

(6) 补光。有条件的温室进行加温补光处理,在低温连阴期间,进行加温和补光措施,减少叶片结露的时间,增加植株生理活性,抑制病菌的传播蔓延。

2. 化学防治

(1) 烟雾剂法。在发病初期每亩用45%百菌清烟剂200g,分放在棚内4~5处,用香或卷烟等烟火点燃,发烟时闭棚,熏1夜,次晨通风,每7d熏1次,可单独使用,也可与粉尘法、喷雾法交替轮换使用。粉尘法是于发病初期傍晚用喷粉器喷撒5%百菌清粉尘剂,或5%春雷·王铜粉尘剂,每亩每次1kg,每9~11d喷1次。由于喷雾防治会增加大棚内的空气湿度,影响药剂防治病害的效果,因此喷雾防治黄瓜灰霉病时要在药后及时通风,降低棚内湿度,同时此方法不宜在阴雨天气时采用。

(2) 局部防治。及时摘除残花,用腐霉利或灰霉克500倍液加坐瓜灵浸蘸瓜胎。

(3) 药剂防治。发病初期选用50%腐霉利可湿性粉剂800倍液,每7d喷1次,连喷3次。

3. 生物防治

防治黄瓜灰霉病的微生物有10种以上,目前研究和应用最多的是木霉菌。其防治原理是木霉菌能够产生抗菌素,从而使得木霉菌在营养竞争和重寄生作用过程中占据优势地位,导致灰霉病病菌缺乏营养,最后死亡,黄瓜灰霉病就得到了有效的控制。目前已经在我国登记用来防治灰霉病的是哈茨木霉菌。哈茨木霉菌300倍液、500倍液和700倍液对灰霉病的防效都非常理想,农业推广中的使用浓度为500倍液。

十、黄瓜黑星病

黄瓜黑星病是目前国内植物检疫对象。此病还危害西葫芦、中国南瓜、丝瓜、甜瓜等多种瓜类作物,是应予以重点防治的检疫性病害。

(一) 症状特点

全生育期均可发病。可危害叶、茎、瓜果,尤以嫩叶、幼瓜、生长点受害最重。幼苗染病时,真叶较子叶敏感,子叶上产生黄白色近圆形斑,发展后引致全叶干枯。嫩茎染病时初现水渍状暗绿色棱形斑,后变暗色,凹陷龟裂,湿度大时长出灰黑色霉层,即病菌分生孢子梗和分生孢子。卷须染病则变褐腐烂。生长点染病时经2~3d烂掉形成秃桩。叶片染病时初为褪绿色(污绿色)近圆形斑点,斑点小呈星状,并逐渐扩大,形成近圆形黄白色大病斑,1~

2d后病斑干枯，穿孔后的边缘不整齐，略皱，开裂呈星状，且具黄晕。叶柄、瓜蔓染病时病部中间凹陷，形成疮痂状，易龟裂，表面常生灰黑色霉层。瓜条染病时最初流出胶体，渐扩大的暗绿色凹陷斑，疮痂状，常伴有灰黑色霉层，病部停止生长，形成畸形瓜，后期瓜条龟裂腐烂，流出白色胶状物，胶状物变为琥珀色，随后脱落。

（二）病原及发病规律

黄瓜黑星病是由瓜疮痂枝孢霉侵染所致。此病原菌属于半知菌亚门枝孢霉属真菌。病菌以菌丝体随病残体在土壤中越冬，或以菌丝体潜伏在种皮内，分生孢子附着在种子表面，也可在棚室架材上越冬。种子带菌是远距离传播的主要方式，田间传播借助于雨水、浇水、溅水、气流、农事操作等。

黄瓜黑星病发生的最适温度为20~22℃，在适温条件下，相对湿度90%以上时发病较重，湿度低于80%时病菌受到抑制。因此，连阴天、光照不足、植株郁闭、湿度过大、长期重茬、种子带病菌等是发病的重要条件。瓜类蔬菜棚室保护地反季栽培，因冬春季通风差，棚室内相对湿度大，并因棚室是固定的园艺设施，重茬栽培的情况多，故易发生此病。

（三）防治方法

（1）选用抗病品种。中农19、中农29、中农31、吉杂1号、丹东刺瓜等较抗黑星病，各地可因地制宜选用。

（2）加强栽培管理。发病严重地块应与非葫芦科作物进行2~3年轮作，以防止田间病原菌数量逐年积累。棚室于定植或育苗之前进行翻地整地，有条件的进行土壤消毒，可降低棚室内病原菌基数。发病田收获后，彻底清除病残体，予以深埋或烧毁。保护地栽培，从定植期到结瓜期严格控制浇水，放风排湿，降低棚内湿度，减少叶面结露，抑制病菌萌发和侵入，白天控温在28~30℃，夜间

15℃，相对湿度低于90%；中温和低温棚的平均温度控制在21~25℃，或控制相对湿度持续高于90%不超过8h，可减轻发病。

（3）高温闷棚。棚室中，在黄瓜能够忍受的高温下（47~48℃）处理1~2h，对黄瓜黑星病具有明显的控制作用，同时高温闷棚可兼治黄瓜霜霉病。

（4）种子处理。用50%多菌灵可湿性粉剂500倍液浸种20min，冲净后催芽；或用55℃温水浸种15min；或用75%百菌清可湿性粉剂按药种比1∶300拌种；或播种前进行土壤消毒等。

（5）药剂防治。在发病初期，应及时拔除病株并喷药防治，施药时以喷施幼苗及成株嫩叶、嫩茎、幼瓜为主。药剂可选用250g/L嘧菌酯悬浮剂800~1 000倍液，或40%氟硅唑乳油5 000~8 000倍液，或20%腈菌唑·福美双可湿性粉剂900~1 000倍液，或12.5%腈菌唑可湿性粉剂1 500~2 000倍液，均匀喷施，每7d喷施1次，连喷3~4次。

十一、黄瓜靶斑病

黄瓜靶斑病是近年来棚室栽培条件下中后期发生较普遍的一种病害，此病往往导致落叶率达90%左右，故菜农称其为落叶病。

（一）症状特点

叶片上的病斑初呈淡褐色，略呈圆形，直径6~12mm。多数病斑的扩展因受叶脉的限制而呈多角形或不规则形，有的叶片病斑中部呈灰褐色或灰白色，上面生出灰黑色霉状物，即病菌的分生孢子梗和分生孢子。该病在棚室黄瓜栽培后期易发生。在植株发病的前7~8d，病情发展缓慢，因病害导致落叶率不超过5%；在发病后的第9~15天，病情发展快，落叶率由5%发展到90%以上。主要是因为叶片上的病斑融合，整个叶片枯死后脱落。

(二) 病原及发病规律

是由瓜棒孢菌侵染所致。此病原菌属半知菌亚门真菌,以分生孢子丛或菌丝体在土中的病残体上越冬。菌丝体或分生孢子在病残体上可存活6个月。在遇到不良环境时,病菌可产生厚垣孢子及菌核继续生存,当条件适宜时再产出分生孢子传播。孢子传播的方式是借气流或水飞溅传播到叶面上初侵染致病;病部新生孢子借气流、水滴进行再侵染。在生长季节多次发生再侵染,使病害逐渐蔓延,造成植株叶片由下而上发病,严重时除刚生出的新叶外,其他叶片都受侵染发病而枯死落掉。

高湿或通风透气不良易发生此病,在25~27℃及饱和湿度条件下发病严重。昼夜温差大、夜间空气湿度大时有利于发病。棚室保护栽培条件下比露地栽培条件下发病重,尤其是冬暖大棚黄瓜秋冬茬和越冬茬栽培的后期易发生此病,且发病重。冬春茬大棚黄瓜的中后期因通风排湿条件好,棚内空气相对湿度一般不大于85%,故不易发病或发病较轻。

(三) 防治方法

(1) 选用抗病品种,并与非瓜类蔬菜实行2年以上轮作,压低病原菌数量。

(2) 加强栽培管理。及时通风,浇水要小水勤灌,避免大水漫灌,降低棚内湿度。

(3) 清除病残株,减少初侵染菌源。

(4) 药剂防治。发病初期可喷洒30%苯醚甲·丙环乳油3 000倍液、50%福美双可湿性粉剂500倍液、12.5%烯唑醇可湿性粉剂5 000倍液,或25%异菌脲悬浮剂1 000~1 500倍液。温室中也可选用45%百菌清烟剂熏烟防治,用量为每亩200~250g,7~10d 1次。有条件的菜农也可喷撒粉尘剂,既有利于降低棚内湿度,又可较好地防治病害。

十二、黄瓜菌核病

与露地栽培的黄瓜相比,棚室黄瓜发生菌核病较普遍,而且较重。在黄瓜棚室保护地反季节栽培上,越冬茬发生菌核病重于其他茬次。此病除危害黄瓜外,还危害西葫芦、冬瓜、丝瓜等葫芦科作物和西红柿等茄科作物以及十字花科作物。

(一) 症状特点

从苗期至成株期均可被侵染,主要危害茎蔓和果实,多在残花部染病,先呈水渍状腐烂,后生出白色菌丝,菌丝纠结成黑色菌核,菌核似鼠粪状。茎蔓染病初在近地面的茎部或主侧枝分杈处产生褪色水渍状斑,斑逐渐扩大呈淡褐色,高湿条件下病茎软腐,长出白色棉纤维状菌丝。病茎髓部遭破坏而腐烂中空,或纵裂干枯。叶柄、叶片、幼瓜染病时,初呈水浸状,并迅速软腐,后生出大量白色菌丝,当菌丝密集纠结后,形成黑色鼠粪样菌核。此病一般使茎基部或叶柄、叶片、瓜条的组织腐败,表皮纵裂。当木质部未腐败时,植株不出现萎蔫;但茎髓腐烂中空后,病部以上的叶片、叶柄、瓜条、蔓都凋枯死。

(二) 病原及发病规律

此病是由核盘菌侵染引致。病原菌属子囊菌亚门真菌。菌核初为白色,后表面变为黑色,呈鼠粪状,以遗留在土中或混杂在种子中的菌核越冬或越夏。混杂于种子中的菌核,随播种进入棚田(田间),或遗留在土中的菌核遇到适宜湿度和温度等条件,即萌发产出子囊盘,放散出子囊孢子,随气流传播蔓延,侵染衰老花瓣或叶片,长出白色菌丝,开始危害柱头或幼瓜。田间带菌雄花落于健叶或茎上,经菌丝接触易引起发病,并以此方式进行重复侵染蔓延,直至条件恶化时又形成菌核落于土中或随种株混入种子间越冬越夏。

相对湿度高于85%，温度在15~20℃时，利于菌核萌发和菌丝生长、侵入及子囊盘产生。因此，低温高湿有利于此病发生和流行，菌核形成时间短，形成的菌核数量多。菌丝体扭集在一起形成的菌核，在干燥条件下能存活4~11年，而在水田里经1个月则腐烂。在5~20℃潮湿条件下，菌核吸水萌发，产出1~30个浅褐色盘状或扁平状子囊盘，系有性繁殖器官。子囊盘柄的长度与菌核的入土深度相适应，一般菌核入土深3~15mm，有的可达6~7cm，这时子囊盘柄伸出土面为乳白色或皮肤色小芽，逐渐展开呈盘状或杯状。成熟或衰老的子囊盘变成暗红色或淡红褐色。子囊盘中产生很多子囊和侧丝，子囊盘成熟后子囊孢子呈烟雾状弹射，高达90cm，落附于瓜类作物体上侵染。此菌的菌丝生长及菌核形成的最适温度为20℃，最高35℃，50℃经5min致死。棚室秋冬茬、越冬茬、冬春茬栽培的瓜类蔬菜，一天中处于15~25℃的时间较长，夜间结露大，空气湿度多数时间超过85%，其环境条件有利于菌核病的发生，尤其是低洼地块平畦栽培，或偏施氮肥，或受冻害、寒害时发病较重。

（三）防治方法

（1）农业防治。提倡水旱轮作或与非瓜类蔬菜轮作，以减少菌核存活率。

（2）种子和土壤消毒。种子消毒可采用温汤浸种，土壤消毒可用40%五氯硝基苯粉剂配成药土，每亩用药1kg，加细土15~20kg，施药土后播种。

（3）药剂防治。发病后可每亩用45%百菌清250g，或5%百菌清粉尘剂1 000g防治，一般每7d 1次。还可选用25%啶菌噁唑乳油1 000倍液，或50%腐霉利可湿性粉剂1 000倍液，或40%嘧霉胺悬浮剂800倍液，或50%异菌脲可湿性粉剂1 500倍液等喷雾防治。

十三、黄瓜白粉病

(一) 症状特点

该病主要危害叶片，其次是叶柄和茎，果实很少受害。叶面上产生浅黄色病斑，沿叶脉扩展并受叶脉限制，呈多角形，易与细菌性角斑病混淆。清晨叶面上有结露或吐水时，病斑呈水渍状，叶背病斑处常有水珠，后期病斑变成浅褐色或黄褐色多角形斑。湿度高时，叶片背面逐渐出现白色霉层，稍后变为灰黑色，以叶正面为多，条件适宜时，粉斑迅速扩大，相互连接成边缘不明显的大片白粉区，甚至布满整个叶面。高湿条件下病斑迅速扩展或融合成大斑块，致叶片上卷或干枯，下部叶片全部干枯，有时仅剩下生长点附近几片绿叶。

(二) 病原及发病规律

病菌之一为苍耳叉丝单囊壳（*Podosphaera xanthii*），属子囊菌门叉丝单囊壳属。菌丝壁薄，光滑或近光滑，附着器不明显至轻微乳头状；分生孢子椭圆形、卵圆形至瓮形，内有明显的纤维体；芽管侧面生，简单至叉状，短；分生孢子梗直立，脚胞圆筒形；闭囊壳球形或近球形，内含单个子囊，每个子囊内通常含有8个子囊孢子；附属丝菌丝状；子囊孢子广卵形至亚球形。

黄瓜白粉病病原菌是专性寄生菌，必须在活寄主组织上才能生长与发育。在全年种植黄瓜或其他寄主的南方地区，以及北方保护地中，病菌无明显越冬现象，可以菌丝及分生孢子在病株上持续危害和生存；而在寒冷地区，则以闭囊壳随病残体遗留在土壤里越冬，成为翌年初侵染源。但闭囊壳只是在南瓜和黄瓜上比较容易产生，经初侵染发病的植株上可产生大量致病性很强的分生孢子，通过气流传播，特别是可被大风吹到很远处，萌发后以侵染丝直接侵入寄主表皮细胞。如遇连续阴天，光照不足，天气闷热或雨后放晴，但田间湿度仍大时，白粉病很易流行。保护地种植黄瓜通常比露地发病早且重，主要原因是室内湿度大，温度较高，有利于分生孢子大量繁殖和病害迅速蔓延。在华北地区，温室黄瓜在4—5月，大棚黄瓜在5—6月，露地黄瓜在6—8月最易发病。秋黄瓜病害轻。东北地区，该病发生稍晚。长江流域，一般在梅雨期和多雨潮湿的秋季发病重。

（三）防治方法

（1）选用抗病品种。目前抗黄瓜白粉病的品种有津优401、中农18、中农31、中农50、密基特等。

（2）加强栽培管理。培养无病壮苗；避免连作，选择地势较高、排灌良好的地块定植，避免栽植过密；及时摘除植株下部的重病叶，带出田间烧毁或深埋；科学浇水，降低田间湿度；合理施肥，底肥中配合适量的磷、钾肥，生长中、后期适当追肥，既要防止植株徒长，也要防止脱肥早衰。

（3）药剂防治。在发病初期及时喷药防治，每7~10d防治1次，连续防治2~3次，注意交替使用。推荐用25%乙嘧酚悬浮剂1 000倍液，或40%氟硅唑乳油4 000倍液喷雾防治。

十四、黄瓜细菌性角斑病

黄瓜细菌性角斑病是苗期至成株期常发生的病害，在成株期常与霜霉病等其他病害混发。此病除在黄瓜上发生外，还在西瓜、西葫芦、甜瓜等瓜类作物上发生。

（一）症状特点

子叶上发生的病斑呈卵圆形，水渍状，后凹陷，变褐色干枯。真叶叶片受病菌侵染后，初生针尖大小水渍状斑点，病斑扩大时受叶脉限制，扩大成多角形，黄褐色，周围有油渍状晕圈。棚室内湿度大时，叶背面常见乳白色菌脓，这种菌脓干燥后形成一层白色薄膜或白色粉末，不同于霜霉病。病斑于后期开裂穿孔。瓜条和瓜蔓上发病，初生淡灰色水渍状近圆形小斑点，表面常有乳白色菌脓，老病斑易干枯呈灰白色，由瓜条表面病斑向果肉内扩展，并沿维管束蔓延到种子，使种子带菌。后期瓜腐烂，有腥臭味。

（二）病原及发病规律

是由假单胞杆菌属的一种细菌侵染所致。病菌随病残体在土壤或在种子内越冬。病菌在种子内可存活 2 年，种子发芽时侵染子叶。土壤中的病菌靠灌水、溅水使叶片、瓜条、卷须或茎侵染发病。新产生的细菌靠风雨、昆虫、农事操作、农具等传播。病菌从气孔、水孔或伤口侵入寄生。

温度是此病害发生的重要条件，低温、高湿、重茬地棚室黄瓜发病重。病菌的发育适温为 18~28℃。空气相对湿度大于 80%、降雨或浇水多、土壤湿度大、排水不良、保护地内低温多湿或结露时间较长时易流行此病；棚室通风不良、重茬、磷肥和钾肥不足、施未腐熟有机肥料的地块病情较重。

（三）防治方法

（1）选用抗病耐病品种。新津春 4 号、绿丰园 8 号等为高抗品种；津研 2 号、津研 6 号、津早 3 号、黑油条、夏青、全青、鲁青、光明、鲁黄瓜 4 号、87-2 等为中度抗病品种。与葱蒜类或白菜类蔬菜进行轮作。

（2）种子处理。应从无病菌的繁种田进行繁种，选择无病瓜留种。用 70℃ 恒温干热灭菌 72h，或用 55℃ 温汤浸种 20~30min，捞出晾干后催芽播种，或转入冷水浸泡 4h 后催芽播种。并采用无菌基质进行育苗。

（3）药剂防治。发病初期发现病叶及时摘除，而后喷施 3% 中生菌素可湿性粉剂 1 000 倍液、30% 壬菌铜微乳剂 400 倍液、77% 氢氧化铜可湿性粉剂 400 倍液、72% 农用链霉素可溶性粉剂 3 000 倍液，或 90% 链·土可溶性粉剂 4 000 倍液等。

十五、黄瓜细菌性缘枯病

目前以黄瓜、西葫芦冬暖大棚越冬茬栽培中发生细菌性缘枯病较普遍，并多与其他叶病混发，常因施药不对症和兼治不及时，导致叶片、果实受害严重，造成减产。

（一）症状特点

叶片、叶柄、茎、卷须、果实都可受害。叶部受此病菌侵染后，最初在叶缘水孔附近产生水渍状小斑点，暗绿色，似粟粒大；随后扩大为不规则形淡褐色病斑，周围有晕圈，严重时产生大型水浸状病斑，由叶缘向叶中间扩展，呈楔形；叶柄、茎、卷须的病斑也呈水渍状，褐色。果实染病时先在果梗上形成水浸状绿褐色病斑，后变为褐色，果实黄化凋萎，脱水后呈木乃伊状。空气湿度大时，病斑上溢出菌脓，有臭味。

（二）病原及发病规律

黄瓜细菌性缘枯病是由边缘假单胞菌边缘假单胞致病型细菌侵染所致。病原菌在种子上或随病残体遗留在土壤中越冬，成为翌年初侵染源。病菌从叶缘水孔和叶片自然孔侵入，靠气流、风雨、浇水、田间操作接触传播蔓延和重复侵染。

此病的发生主要受湿度变化及叶面结雾、叶缘吐水的影响。在冬暖棚室黄瓜、西葫芦、南瓜等瓜类作物越冬茬和冬春茬栽培的冬季，因昼夜温差较大，又因为加强保温而通风时间短，棚内湿度较大，尤其在夜间空气湿度大于 85% 的时间长达 8~10h，这时笼罩在棚内的水蒸气遇露点温度，就会凝落于叶片和茎蔓及果实上，形成结露,同时叶缘吐水。这种高湿低温的环境条件,为缘枯细菌的活动、侵入、蔓延和流行提供了重要的水湿条件。这种几乎饱和状态的高湿低温环境持续时间越长,缘枯病细菌的水渍症状出现得越多,病部越易溢出菌脓。所以,此病于棚室保护地内冬季发生危害严重。露地栽培黄瓜、南瓜、西葫芦,则在春、夏之交时易发生细菌性缘枯病。

(三) 防治方法

(1) 农业防治。收获后及时清除病残体,选无病瓜留种。与非瓜类作物实行2年以上轮作。

(2) 种子消毒。种子可用55℃温水浸种15min。

(3) 药剂防治。发病初期喷施72%霜脲氰·代森锰锌可湿性粉剂600倍液,或23%氢铜·霜脲可湿性粉剂800倍液,或3%中生菌素可湿性粉剂800倍液,叶面喷雾。每7d喷1次,连喷3~4次。

十六、黄瓜细菌性叶枯病

细菌性叶枯病除侵害黄瓜外,还侵害西瓜、西葫芦、中国南瓜,是目前山东省内植物检疫性病害。

(一) 症状特点

主要侵染叶片。初侵染发病时,叶片上显现褪绿色圆形小斑点,斑点似针尖大小,后逐渐扩大,呈近圆形或多角形褐色斑点,病斑直径1~2mm,其周围具褪绿色圆晕,病叶背面不易见到菌脓,这是有别于细菌性角斑病的主要特征。病情严重时,由下而上除刚生长出不几天的新叶外,其他叶片都染病,大部分叶片干枯。此病在西瓜、中国南瓜、西葫芦上的症状均与在黄瓜上的相似。

（二）病原及发病规律

是由野油菜黄单胞菌黄瓜叶斑病致病型细菌侵染所致，主要靠种子带菌传播，在我国东北、内蒙古等省区已发生此病。

此病菌发育适温为 25~28℃，36℃ 能生长，40℃ 以上不能生长。该菌在土壤中存活时间非常有限，而是种子内外带菌传播蔓延。病菌在种子上耐低温不耐高温，在 -30~-20℃ 不死亡，在 50~55℃ 经 5~6min 致死。此菌耐盐临界浓度为 3%~4%。棚室保护地栽培黄瓜比露地栽培时发病严重。在相同环境条件下，叶色深绿的品种发病重。

（三）防治方法

参照黄瓜细菌性角斑病。

十七、黄瓜花叶病毒病

（一）症状特点

多全株发病，苗期染病时子叶变黄，后枯萎，幼嫩真叶为浓绿与淡绿相间花叶状。成株期染病时叶片呈黄绿镶嵌状花叶，自新叶开始出现症状，并逐渐加重，病叶略皱缩，严重时叶反卷，病株下部叶片逐渐黄枯。瓜条染病后出现深绿与浅绿相间的疣状斑块，瓜果表面凹凸不平或畸形。发病重的植株茎蔓节间短缩，节间簇生小叶，簇生的小叶也出现浓绿与淡绿相间的花叶状，植株不结瓜，最终萎缩枯死。

（二）病原及发病规律

有报道指出，黄瓜花叶病毒寄主范围达 39 科 117 种植物，病毒颗粒为球状，直径 28~30nm，其中主要是黄瓜花叶病毒

(CMV)、甜瓜花叶病毒（MMV）和烟草花叶病毒（TMV）。病毒在体外存活期仅3~4d，且不耐干燥，故黄瓜种子不带病毒。病毒主要在多年生宿根植物上越冬，由于鸭跖草、刺儿菜、反枝苋等都是棉蚜、桃蚜的越冬寄主，每当春季发芽后，蚜虫开始活动或有翅蚜迁飞，成为传播此病的主要媒介。近年来，温室白飞虱也成为传播此病的主要媒介。有报道指出，烟草花叶病毒（TMV）极易通过接触传染，而蚜虫不传染此病毒；甜瓜花叶病毒（MMV）可通过病株种子带毒传播，种子带毒率为16%~18%。各类病毒均可通过伤口接触传染。土壤传播病毒，主要是通过病残体、线虫、某些真菌经根部感染病毒使植株发病。品种感病、耕作粗放、脱肥缺水、烈日暴晒时，蚜虫、白粉虱猖獗，常常发病较重。

发病适温为20℃，气温高于25℃时多表现隐症。病毒汁液稀释限点1 000~10 000倍，钝化温度60~70℃ 10min，体外存活期3~4d，不耐干旱干燥。此病的发生条件与蚜虫、白粉虱、地下害虫、线虫等媒介昆虫的发生条件有密切关系，当环境条件适于媒介昆虫发生时，也有利于此病病毒的传播侵染。在棚室蔬菜反季翻茬栽培中，深冬严寒季节，外界气温严寒，寄生于宿根植物上的媒介昆虫不能往棚室内迁移，故棚内作物不易感染病毒，偶有发病植株病情也较轻。但在秋、春季节，白飞虱、有翅蚜等病毒媒介昆虫往往趁棚室放风之际迁入棚室内，通过危害黄瓜等蔬菜，将病毒传播于植株体内，造成发病。

（三）防治方法

（1）选用抗病品种。我国有些黄瓜品种在田间的病毒病发生较轻，特别是比较抗黄瓜花叶病毒病，如长春密刺、中农18、中农106、京旭2号、津春4号、津优401、春秋大丰等。

（2）种子处理。种子在72℃干热处理72h，可以有效降低病毒病，尤其是黄瓜绿斑驳花叶病毒病的发生，但需要严格控制温度，而且要求消毒设备内部的通风良好。根据韩国的经验，种子依次经过35℃ 24h、50℃ 24h和72℃ 72h的处理,然后逐渐降温至35℃以下处理24h,防病效果较好。

(3) 防治传毒昆虫。设置防虫网是防蚜最简单有效的措施,覆盖50~60目的防虫网,以阻止或减少蚜虫、烟粉虱等传毒介体进入大棚与温室内;覆盖银灰色薄膜悬挂黄色粘虫板也可有效地驱避蚜虫;在葫芦科蔬菜田里套种玉米、高粱等高秆作物,能起到隔离作用。

(4) 药剂防治。喷施20%盐酸吗啉胍·铜可湿性粉剂500~800倍液;或1.5%三十烷醇+硫酸铜+十二烷基硫酸钠乳剂1 000~1 200倍液;或新型生物制剂如0.5%菇类蛋白多糖水剂200~300倍液、2%氨基寡糖素水剂300~400倍液、2%宁南霉素水剂250倍液、4%博联生物菌素水剂200~300倍液,可在一定程度上减轻危害。

十八、黄瓜根结线虫病

(一) 症状特点

主要发生于根部,侧根或细根染病后产生大小不等的瘤状根结。把根结解剖,可观察到结内部有很多乳白色线结样线虫。根结长出细弱的新根时再度染病,继续形成根结。植株地上部表现症状因发病程度轻重而异,轻病植株症状不明显,重病植株生长发育明显不良,叶片在中午时萎蔫或逐渐枯黄,植株矮小,结果受到抑制,发病严重时全田病株枯死。

(二) 病原及发病规律

是由南方根结线虫在黄瓜根部寄生致病。这种线虫雌雄异形,幼虫呈细长蠕虫状。雄成虫线状,无色透明,尾端稍圆,大小(1~1.5) mm×(0.03~0.04) mm;雌成虫梨形,大小(0.44~

1.59）mm×（0.26~0.81）mm。一头雌成虫可产卵300~800粒，雌成虫多埋于寄主根部组织内。

该虫多于土壤5~30cm土层处生存，常以卵或2龄幼虫随病残体遗留在土壤中越冬，一般可在土壤中存活1~3年。此病是土传寄生线虫病，病土、病苗及灌水是主要传播途径。在条件适宜时，埋藏在寄主根内的雌成虫产出单细胞的卵，卵产出后经几小时形成1龄幼虫，脱皮后孵出2龄幼虫，离开卵块在土壤中移动寻找根尖，由根尖（根冠上方）处侵入定居于生长锥内，其分泌物刺激导管细胞膨胀，使根部细胞巨形和形成虫瘿，称为根结。在生育季节根结线虫达几个生育世代，以对数增殖，发育到4龄时交尾产卵，卵在根结里孵化发育到2龄后，离开卵块进入土中进行再次侵染或越冬。棚室保护地单一种植黄瓜连作几年后，会导致黄瓜抗性衰退，根结线虫可逐渐成为优势种，使病情逐年加重。

根结线虫生存温度范围为7~38℃，低于5℃和高于40℃都很少活动。55℃经10min死亡。生存的最适温度为25~30℃。土壤湿度是影响此虫孵化和繁殖的重要条件。土壤干燥或过湿会使此虫活动受抑制，雨季或棚室内小水勤浇都有利于卵孵化和侵染。根结线虫在沙土地中比在黏土地中发生危害重。一般棚室保护地的环境条件有利于黄瓜等蔬菜生长发育，也有利于根结线虫发生活动。此虫适宜土壤pH值为4~8。由于棚室保护地周年处于适宜蔬菜生育的条件，故根结线虫在棚室保护地中不需要经过越冬停止活动期，而是增加世代繁殖，连续再侵染。所以根结线虫在棚室保护地比露地发生危害重。

（三）防治方法

（1）实行轮作。轮作可使线虫因为找不到合适寄主而死亡，一般与非寄主作物轮作，有条件的地区可采取水旱轮作。

（2）深翻土地。夏季高温季节时深耕土地，将下面的土翻上来并在太阳下暴晒，可杀死较多线虫。

(3) 栽植前进行土壤处理。可用35%威百亩水剂每亩用药10kg，兑水浇灌后盖膜15d。

(4) 化学防治。可用1.8%阿维菌素乳油1 000~1 500倍液灌根，每株灌药液250mL。也可用10%噻唑磷颗粒剂撒施防治，每亩用药2kg。

第二节 非侵入性病害

一、黄瓜沤根病

黄瓜沤根病也称沤根、烂根死苗。

(一) 症状特点

此病多发生在大棚越冬茬和冬春茬黄瓜的幼苗期至定植后的大苗期。从病苗地上部分看，苗体尤为瘦弱，生长极为缓慢，晴日白天易萎蔫。由叶缘开始枯焦，发展为整叶皱缩枯焦。检查根部可发现不定根少，新根发生也少，根皮呈锈色腐烂，植株易拔起。在发病严重的地块或苗床，瓜苗成片干枯。

(二) 致病原因

浇水过量，浇水后遇连续阴雨或阴雪寒流天气，苗床温度或地温过低，地温低于12℃的持续时间较长。因地温低，瓜苗根系吸水性能差，吸水少，白天根系的吸水量少于地上部叶片等株体的蒸腾量，故瓜苗出现萎蔫，萎蔫持续时间一长，即发生沤根。沤根后地上部子叶或真叶呈黄绿色或乳黄色，叶缘开始枯焦，严重时整叶皱缩枯焦，生长极为缓慢。

从黄瓜沤根病苗地上部表现症状，可判断沤根病的发生时间及原因。子叶焦枯，说明子叶期出现沤根；某些真叶焦枯，说明在真叶期发生了沤根。在遇到连续多日夜温为5~6℃的低温时，瓜苗的生长点停止生长，老叶边缘逐渐变褐，甚至瓜苗枯死，这显然是低地温造成的沤根。

(三) 预防措施

主要预防低地温和高湿的土壤环境。在保护地内，要进行膜下暗灌和高垄高畦栽培，并要适当通风散湿，遇有连阴雨天气，不可浇水；要经常中耕松土，以提高地温，促发新根；增施有机肥，提高通透性。

二、急性萎蔫

(一) 症状特点

无论是露地栽培或是棚室栽培，从收获初期到盛瓜期，植株生长发育一直健壮，但在晴天的中午植株叶片突然出现严重萎蔫，蔓顶部及新叶也严重萎蔫，萎蔫程度迅速加重，2~3h内植株即萎枯而不能恢复，直至死亡，造成绝产性损失，群众称之为"闪死瓜秧了"。切开茎观察，导管不变黄褐色，也没有菌脓。

(二) 致病原因

多发生在植株生长的旺盛期，原因很多。主要是地上部与地下部生长不平衡，突然遇到恶劣的气候或人为形成的外界条件，根系受到伤害，根系吸收的水分满足不了茎叶蒸腾的需要；或者导管阻塞，根系吸收力虽然强，但输送不到茎叶中去；或者嫁接苗伤口愈合不好，输导器官连接不佳；或者砧木与接穗间亲和力不高；或者由于连续阴雨雪天气，冬暖大棚缺少光照热源，造成棚内较长时间持续低温（尤其是土壤温度）、使瓜秧遭受寒害。寒害不仅阻碍了植株对水分和养分的吸收，还使作物形成叶绿素受到抑制、光合作用降低，尤其在弱光照的条件下、光合作用更低、幼嫩叶片发生缺绿，甚至白化，绿色组织贮藏的淀粉水解为可溶性糖、转化为花青素苷、使叶片由绿变淡绿或紫绿，甚至紫红色。花青素可提高叶片温度 1.7~1.8℃，从提高抗寒力的角度来看这是好的，但这时植株生长不良或停止生长，甚至植株处于活力很弱的状态。当天气骤然转晴时，棚内气温迅速升高，瓜秧在高气温和较强的光照条件下，叶片蒸腾量加大，而此时地温尚未升高，仍处在低地温条件下，根系尚未恢复吸收水分和养分的能力、不能及时补充因叶片蒸腾而损失的水分，并且细胞间的水分损失严重、导致细胞内水分外出脱水，结果造成植株萎蔫后不能恢复而枯萎死亡。

（三）预防措施

（1）冬春茬栽培选用耐低温弱光能力强的黄瓜品种，如绿衣天使、绿衣皇后、津优35、鲁蔬869等。

（2）合理揭盖苫管理，连续阴天，可于中午前揭苫，午后盖苫；遇到连阴天后突然晴天的情况，要陆续间隔地揭开草苫，使黄瓜植株在连续的阴天条件下，能够逐渐地适应较强的光照，如可以充分利用早晚的光照，在晴天的上午，可以逐步揭开苫子，在光照强的中午进行回苫处理。进入春季后要注意通风降温和回苫处理降温。一般4—5月温室内进入高温期，要严格掌握室内温度，避免长时间处在35℃以上，这对防止黄瓜叶片急性萎蔫有较好的作用。

（3）优化农作措施，改善根系生长条件，保根，护根，促进根系发育。增施有机肥，控制氮肥用量，增加钾肥用量。精耕细作，保持栽培基质良好的通气性和孔隙状况，促进根系生长，注意灌水避开高温。

三、花打顶

(一) 症状特点

黄瓜植株生长势弱,龙头不伸展,叶片小,不形成新叶,顶端节间缩短,并与雌雄花朵合在一起,形成花簇,顶梢由花芽封顶,花一直开到顶部,特称花打顶。植株长势甚弱者,顶梢雌花结成瓜,又称瓜打顶。

(二) 致病原因

在冬、春、秋的寒冷气候下容易发生。主要是温度、水分和营养条件不良,根系发育差,光合产物运输受阻,妨碍了营养生长所致。温度对形成花打顶起主要作用。黄瓜叶片白天制造养分,夜间输送养分,当白天光照充足,气温较高,达到23℃以上,二氧化碳浓度超过300mg/L时,光合作用正常进行,日落后在黑暗条件下,光合产物向根、茎、花、果中运输。物质运输要求一定的气温,当夜温在13~16℃时,4~6h可把全天制造的同化产物运输完毕。如果夜温低于10℃,12~14h只能运输一半,另一半同化产物积累在叶片中,会影响第二天光合作用的正常进行,时间过久,会使叶片凹凸不平、皱缩,植株矮化形成花打顶。当地温低于10℃,特别是土壤过湿,田间持水量超过25%时,不利于根系正常生长;定植后浇水少,田间持水量小于22%,空气相对湿度小于65%,土壤溶液浓度高,根系吸收营养困难,也容易形成花打顶。

(三) 预防措施

苗期水分和温度不要过高或过低,应适时移栽,避免瓜苗老化;设施栽培黄瓜植株生长前期,夜间要加强温度管理,如果缺水,应及时补给;如若脱肥,要及时补充养分,但施肥要适量;及时摘除过多雌花（瓜），单株保留1~2个有效雌花，促进营养生长；结合浇水或施肥冲施木醋液水溶肥5~10L/亩。

四、黄瓜化瓜

（一）症状特点

化瓜是指雌花形成后不能继续生长成商品瓜而黄萎、脱落的现象。化瓜现象是黄瓜生产中普遍存在的问题，特别是保护地栽培的黄瓜，如果管理不善，化瓜率可达50%以上，严重影响黄瓜的产量。

（二）致病原因

主要因养分不足、低温弱光或营养生长过旺而生殖生长不足造成。

（三）预防措施

因品种引起的化瓜可采用人工授粉、放蜂等措施，刺激子房膨大，提高坐瓜率；因光照度不足引起的化瓜要增加棚室的日光量，只要外界温度不低于-20℃，即使阴天，也应适时揭帘子，使植株接受散射光。有条件的可以利用灯光补充光照；因温度引起的化瓜要加强温度管理，把棚室温度控制在适于黄瓜正常生长发育的范围内；因二氧化碳浓度降低引起的化瓜要及时通风或增施二氧化碳气体肥料；因营养生长过旺引起的化瓜，要努力改善植株间通风透光条件，减弱肥水管理，降低温度特别是降低夜温，甚至用力捏黄瓜龙头并使其下垂，阻碍光合产物向龙头运输，强迫养分回流，也能起到较好的效果；因生殖生长旺盛引起的化瓜，应加强肥水管理，使黄瓜叶面积指数达到3.5~4.0。

五、有害气体危害

(一) 氨气危害

(1) 症状特点。氨气危害叶片时,由气孔、水孔进入叶内,受害叶片呈水渍状,颜色变淡,逐渐变白色或褐色,急性萎蔫,呈灼烧状。轻者仅中部叶片边缘或叶脉间黄化,而叶脉仍为绿色,病部与健部界限清楚;重者全株干枯,仅新叶尚绿。

(2) 发生原因。冬暖大棚黄瓜生育期长,产量高,多采用增施有机肥的办法来满足黄瓜高产对养分的需要,同时还配合施用大量氮磷钾复合肥。有机肥和无机肥在微生物的作用下,分解产生大量氨气,当温度高时,氨气逸散到空气中。黄瓜对氨气很敏感,含量达到 5mg/L 时可使黄瓜产生不同程度的危害,达到 40mg/L 时,经 24h 几乎使所有植株受害,甚至枯死。为了确诊是否是氨气危害,可于早晨大棚通风前,用 pH 试纸蘸取棚膜水滴,查 pH 值,正常情况下,棚膜水滴 pH 值为 7.0~7.2,呈中性到微碱性,当棚膜 pH 值达到 8.2 时,可以认为是氨气危害。若呈酸性,多为亚硝酸盐相关气体(如 NO_2)危害。

(3) 预防措施。

第一,要正确施用有机肥,有机肥要充分腐熟后再施用;

第二,有机肥要作基肥,施用量要科学,一般每亩地施用量一次不要超过 $10m^3$,最好结合氰氨化钙高温处理土壤施用;

第三,底肥避免施用挥发性强的氮素化肥,如碳酸氢铵、尿素等;

第四,追肥要随水冲施或追肥后及时浇水,即肥不离水;

第五,采用地膜覆盖栽培的要膜下施肥。

（二）二氧化硫气体危害

（1）症状特点。黄瓜发生二氧化硫中毒时，轻者仅在背面气孔多的部位产生褪色"烟斑"，重者叶片两面失去光泽，呈水渍状，由绿变白，干枯死亡。

（2）发生原因。冬暖大棚用煤火加温，管道密闭不严漏气，特别是明火加温，燃煤产生的二氧化硫随煤烟一起散发到棚室内；此外施用大量没有腐熟的厩肥、鸡粪等也可产生二氧化硫。二氧化硫遇水，产生亚硫酸，可以直接破坏叶绿体，使植株受害。棚室内二氧化硫浓度达到 $0.2mg/L$ 时，经 $3\sim4d$ 就会产生化瓜现象，含量达到 $5mg/L$ 时会使黄瓜产生严重的中毒现象。

（3）预防措施。冬暖大棚温室要施用充分腐熟的有机肥，煤火加温时烟道要通畅，烟要排放到大棚外面，加强通风换气，喷洒石灰水救治受害植株有一定的效果。

（三）二氧化氮气体危害

（1）症状特点。中位叶叶缘或叶脉间出现水渍状斑点，迅速失绿，呈黄褐色或黄白色，严重时呈斑枯状，甚至全叶枯死。

（2）发生原因。氮肥施入土壤中，经过有机态—铵态—亚硝酸态—硝酸态变化，最后以硝酸态氮供作物吸收利用。当硝化细菌的活性低于亚硝化细菌的活性时，导致亚硝酸积累。如果土壤中残留的铵态氮数量多，则不断生成的亚硝酸分解，逸出一氧化氮，继而在空气中氧化成二氧化氮。另一方面，当土壤呈强酸性（pH 值为 5 以下），土壤中含有大量铵时，容易产生二氧化氮。当棚室内的二氧化氮浓度达到 $5\sim10mg/L$ 时，就会产生危害。

（3）预防措施

①通风管理。定期通风：确保温室或大棚空气流通，降低有害气体浓度。

②合理施肥

控制氮肥用量：避免过量使用氮肥，减少二氧化氮的产生。

选择合适肥料：使用缓释肥或有机肥，减少气体释放。

③改善土壤条件

调节土壤 pH 值：保持土壤 pH 值在 6.0~6.5，减少二氧化氮生成。

增加有机质：通过添加有机肥改善土壤结构，降低气体释放。

④选择抗性品种。选择对二氧化氮耐受性较强的黄瓜品种。

⑤应急处理

发现中毒症状：如叶片黄化、枯萎等，立即通风并喷水清洗叶片。

使用气体吸附剂：如活性炭等吸附剂，降低气体浓度。

六、黄瓜低温障碍

冬暖大棚黄瓜生产，常因遭受冬春寒流侵袭、连续阴雪天气、深冬严寒等不良自然气候的影响，使棚内日照时间过短，光照度太弱，温度过低，空气相对湿度太大，导致棚内蔬菜生长发育不良，甚至停止生长或出现不正常状态，这种现象叫做低温障碍。因低温形成的病害，叫做低温障害。低温障碍、障害常称作低温生理病害。

（一）症状特点

在冬春茬大棚黄瓜育苗过程中，播种后如遇多日寒流阴雪天气，棚内气温常可降至昼间 12~18℃，夜间 6~12℃，5~10cm 夜间地温也降至 8~12℃。由于棚温过低，尤其是地温过低，使种子发芽或出苗延迟 20~30d，甚至延迟 30~50d，导致出苗后苗黄苗弱，沤种、沤根和发生猝倒病等，刚出土幼苗的子叶边缘出现白色，叶片变黄，根系不烂也不长。如果地温低于 12℃的时间延长，幼苗的根变黄，就会出现沤根、烂根现象，地上部开始严重变黄衰弱。当出苗后遇到阴雪寒流侵袭的天气，棚内白天气温处在 14～25℃ 的时间超过 6.5h，夜间 5～10cm 地温在 12℃ 左右时，就会使幼苗出现生长缓慢、退苗、叶色浅、叶缘枯黄、胚轴细弱的现象。当棚内夜温过低，气温低于 5℃，地温低于 8℃，而白天高于 20℃ 的时间不超过 6h 时，幼苗停止生长，植株朽住不长，继而出现叶缘黄枯，幼苗萎蔫，茎上端不伸长，甚至黄莠。当夜间气温低于 5℃ 和地温低于 8℃ 的时间较长时，就会发展到障害。有的不发根，花芽分化受到影响，甚至停止分化，叶片组织尚未坏死，但呈黄白色，植株抵抗力减弱，导致寄生物侵染发病。有的植株叶片呈水渍状，致叶片枯死或干枯；有的因幼苗生长很弱，很容易诱发菌核病、灰霉病、煤污病等低温条件下易发生的病害。

冬暖大棚秋冬茬黄瓜结瓜后半期和越冬茬黄瓜结瓜前半期正处在冬季，常因遇到深冬严寒气候影响，使棚内温度过低，白天 10～18℃，夜间 5.5～8℃，5～10cm 地温白天 12～18℃，夜间 8～10℃，受低温不良影响，正处在结瓜期的黄瓜植株主要表现以下症状：一是植株生长缓慢，缓慢得几乎停止生长；二是叶片小，叶片变为浅绿，顶部嫩叶变为黄褐色；三是化瓜率增高，已坐住的瓜膨大速度降低，几乎不见明显膨大增长；四是正在发育的嫩瓜出现畸形，在畸形瓜中以尖头弯腰瓜多见。尤其是靠近棚前脚 1～1.5m 的东西向一带的黄瓜植株，受低温致尖头弯腰瓜率更高，叶片变为浅绿、褐黄，植株停止生长的现象更明显。剖开根系观察，根系已变为褐黄色，严重时形成障害，植株萎蔫枯死。在棚室保护地靠近后墙 2.0～2.5m 的东西向一带的黄瓜植株，受低温和日照时间过少、光照强度减弱的不良影响，往往发生黄瓜泡泡病，即初起叶片上产生鼓泡，直径 4～6mm 大小，鼓泡多产生在叶片正面，少数发生在叶背面，导致叶片凹凸不平，凹陷处呈白毯状，但未见有附生物；产生在叶正面的泡泡，泡顶部位初呈褪绿色，后变为黄色至灰黄色。

(二) 致病原因

导致黄瓜发生低温生理病害的主要原因有以下几个方面：

(1) 低温能使光合作用减弱，光合产物减少。有报道指出，黄瓜植株在24℃时光合速率为100%，气温降至14℃时，光合速率为74%~79%，况且冬暖塑料大棚的低温多是因连续阴雪天气，光照度弱，阴天的光照度不及正常晴日的1/3，光照时间短，每日采光时间占不到全天的1/4，光合作用自然弱，光合产物自然少。

(2) 低温致根系吸收能力减弱，对水分和土壤养分的吸收减少。低温使黄瓜植株呼吸速率下降，根系吸收能力减弱，对水分和矿质元素养分的吸收、利用减少，尤其是对氮、磷、钾三要素的吸收量明显减少，从而引起黄瓜生理干旱症和元素缺乏症状。

(3) 低温影响养分运转，使运转速度下降，妨碍光合产物和营养元素向生长和生殖器官运输供应，而致黄瓜生理失调。如根系吸收的矿质元素养分不仅减少，而且还会滞留在根部，影响向地上部分运转，使植株生殖生长和营养生长因缺乏营养而受到抑制，并出现缺素、异象等症状。

(4) 低温使生物膜发生物相变化，使细胞原生质浓度加大，造成细胞内离子和水分供应失去平衡。在正常温度下，植物的生物膜呈液晶相，这是植物活力最旺盛的物相。当温度低于临界温度时，生物膜由液晶相变成凝胶相，导致细胞内各种质体膜发生相应变化，透性变大，质体内离子外渗，使细胞内离子失去平衡，同时使复合酶、游离酶活力失调，引起植株呼吸减缓，能量供应减少，造成细胞或组织死亡，出现黄叶、萎叶。当植物的根毛遇到土壤低温时，根毛细胞内原生质浓度加大。据调查，黄瓜的根毛原生质在10~12℃时会停止流动。低温时根细胞原生质的流动也缓慢，细胞渗透压下降，造成水分供应失衡，出现低温障碍症状。

(5) 当温度下降到冰点以下时，植物内部发生结冰的冻害现象。由于细胞间隙内的溶液浓度低于细胞液浓度，所以在细胞间隙内往往先形成冰晶体，使细胞间隙中未冰冻的溶液浓度变得高于细胞液，结果引起细胞内的水分外渗，并在细胞间隙部分继续形成冰晶体，从而使细胞液浓度因不断失水而增高，结果导致原生质胶体因严重脱水而变性。同时细胞间隙内冰晶体的形成和体积的增大，又使细胞原生质受到机械损伤。当寒流来临，气温骤然下降，使棚内气温降至冰点以下时，便发生细胞内结冰的现象。这时原生质内的水分也会形成冰晶体。这样的低温障害也称冻害。

（6）对于喜温作物黄瓜而言，当气温降至 3~6℃ 时，也可引起原生质在短时间内浓度加大而活力降低，使黄瓜生长受阻滞。

这种不低于 0℃ 的低温引起的寒害现象，只要在恢复常温之后抓紧管理，首先使土壤温度恢复常温，使根系能吸收水分，并防止叶片蒸腾而脱水，可使植株在 1~2d 内恢复正常生长发育，几乎不发生受害现象。如果低温时间持续过长，导致黄瓜生理机能衰弱，生长发育迟缓，势必影响产量和品质。这就是短时间低温不良影响与较长时间低温障碍的区别。

（三）预防措施

（1）选用耐低温、弱光品种。
（2）采用地膜覆盖等措施提高地温；冬春生产时为了防冻，可在棚室内挂天幕、扣小拱棚。
（3）幼苗进行低温锻炼，培育壮苗。
（4）在降温前喷 27% 高脂膜乳剂 80~100 倍液，提高植株抗寒性。

七、黄瓜味苦

（一）症状特点

从外观上看，这种商品嫩瓜与正常的商品黄瓜一样，但生食时口感涩麻且有苦味,花头和蒂头的苦味重于中间部分,切成片加调料调拌后食之感到涩麻味苦,但熟食与正常黄瓜无异。

(二) 致病原因

直接原因是苦味素在黄瓜体内积累过多、浓度过高。主要由下列原因引起:偏施氮肥导致黄瓜形成较多苦味素;地温长期低于13℃、干旱或土壤盐溶液浓度过高,使根系发育不良,抑制养分和水分的吸收,苦味素易在干燥条件下进入果实;棚室内持续30℃以上高温,使植株同化能力减弱,消耗养分过多;一般叶色深绿的品种易产生苦味。

(三) 预防措施

改良黄瓜品种;设施栽培低温季节采取高温管理措施,即白天最高温度30℃以上时进行放风,其他时间减少放风量,注意提高气温;设施栽培高温季节防止温度过高;增加磷、钾肥的施用量,减少氮肥的施用量;增加镁、锌、硼等中微量元素肥料的施用量。

八、黄瓜畸形瓜

(一) 症状特点

主要有尖嘴瓜、大肚瓜、弯曲瓜、细腰瓜和裂瓜等。在正常情况下黄瓜的瓜条基本上是长直形的,当瓜条弯曲程度达到75°角以上时,称为弯曲瓜。瓜条基部和中部生长正常,瓜顶端肥大的是大肚瓜。瓜条中腰部分细,两端较肥大的是细腰瓜。

(二) 致病原因

(1) 尖嘴瓜。因雌花没有受精,导致果实中不能形成种子,缺少了促使营养物质向果实运输的源动力,造成黄瓜尖端营养不良，形成尖嘴瓜。

(2) 大肚瓜。因雌花受精不完全，只在黄瓜顶端形成种子，使顶端比下面部位发育大。另外，偏施氮肥或前期缺水而后期浇水过多也易产生大肚瓜。

(3) 弯曲瓜。因雌花受精不充分，仅一边子房的卵细胞受精，导致果实发育不平衡所致。高温、高湿、缺乏营养及其他不良条件也易形成弯曲瓜。

(4) 细腰瓜。发病原因同弯曲瓜。

(5) 裂瓜。低温干燥时，叶面喷施叶面扩散剂后，干燥后的果实突然得到水分，体积剧增引起果皮开裂。

(三) 预防措施

(1) 创造良好的开花授粉条件，避免低温等不良因素影响授粉。

(2) 加强植株营养，特别是坐果期要加大肥水供应，保证有充足的养分积累。

(3) 做好温度、湿度、光照及水分的管理。

(4) 增施二氧化碳气体肥料，增加有机营养的生产与积累。

九、黄瓜缺素症

(一) 缺氮

(1) 典型症状。植株瘦弱，叶片小，上部叶片更小，从下向上逐渐按顺序变黄；叶脉间黄化，叶脉突出，随后扩展至全叶叶脉突出黄化，结瓜少，瓜膨大发育缓慢，茎蔓细弱，生长慢。

(2) 发生原因。原来耕作层土壤含氮量低，且底肥和前期追肥施入有机肥少，结瓜期追施氮素化肥量少且不及时，尤其在收获瓜果量大的情况下，从土壤中吸收的氮素多，若追肥不及时，更易出现氮缺乏症状。在施氮肥量相同情况下，沙土地、沙壤土地和阴离子变换少的土壤均易缺氮素。

（二）缺磷

（1）典型症状。苗期叶片小，叶片硬化呈浓绿色；结果期果实僵住不肯生长，成熟晚，果小，品质差，叶色浓绿，下位叶枯死或提前脱落。

（2）发生原因。育苗的苗床营养土中缺少速效磷肥，有机肥比例小。定植栽培田的基肥中未施入磷素化肥（或未施鸡粪），或有机肥施量少，以及地温低影响根系对磷素的吸收，都易出现缺磷症。

（三）缺钾

（1）典型症状。小苗期叶缘呈现轻微黄化，大苗期扩展到叶脉间轻度黄化，结瓜期中位叶附近的下位叶叶脉间轻度黄化，随后叶缘枯死，中位叶附近的上位叶片向外侧卷曲，稍硬化，叶色深绿，瓜条短，发育不良，瓜皮欠光泽。

（2）发生原因。沙性土壤等含钾量低的土地，且施用的有机肥料中钾的含量少，在施基肥时未掺施钾素化肥，就会出现钾肥供应不足。日照短，光照弱，地温低，棚内湿度过大，会妨碍黄瓜对钾素的吸收。若施用氮素肥料过多，会对吸收钾素产生拮抗作用。当叶片含氧化钾在3.5%以下时易发生缺钾症。

（四）缺钙

（1）典型症状。距生长点近的上位叶片小，嫩叶向上卷，呈蘑菇状；中上位叶叶缘首先变黄，逐次向内侧扩展，使叶缘枯死，严重者整个小叶干枯，植株从上向下逐渐死亡；中部叶片向下弯曲，整个叶片四周下垂，呈现降落伞状叶或叶缘黄化似镶金边。

（2）发生原因。施用氮肥、钾肥过量，土壤干燥，土壤溶液浓度高，都会阻碍黄瓜对钙的吸收和利用；空气干燥，蒸发水分快，补水不及时的土地会缺钙；酸性土壤往往缺钙，易发生缺钙症。

（五）缺镁

（1）典型症状。当植株生长到有16片真叶后才显现出缺镁症状。先是上部叶片发病，随后向附近的叶片及新叶扩展，使黄瓜的生育期呈现不正常提早现象。进入结瓜盛期时，仅在叶脉间产生褐色小斑点，下位叶的叶脉间的绿色渐渐变黄，并发展黄化，严重时病叶黄枯。生育期除叶缘残存点绿色外，其他部位全部呈黄白色，叶缘上卷，致叶片枯死，造成大幅度减产。

（2）发生原因。连年种植黄瓜的冬暖大棚保护地易发生缺镁症；黄瓜高产田坐瓜多时，在干旱条件下易发生缺镁病。因缺镁而发生的叶枯病多发生在主茎第16片真叶之后的结瓜期。有报道指出，当黄瓜叶片中镁含量小于0.4%时，应及时防治。如果不及时补充速效镁，使叶片中镁含量达到0.2%时就会出现叶枯症。另外，用菜葫芦（瓠瓜）作砧木嫁接的黄瓜常比用云南黑籽南瓜等南瓜砧木嫁接的黄瓜苗易发生缺镁症。

（六）缺铁

（1）典型症状。植株新叶、腋芽开始变为黄白色，尤其是上位叶及生长点附近的叶片和新叶的叶脉先黄化，逐渐失绿，但叶脉间不出现坏死斑。

（2）发生原因。地温低、土壤过干或过湿时不利于根系吸收，易产生缺铁症；在碱性土壤中，磷肥施用过量易导致缺铁症；一般土壤中如果施用锰、铜过多，也会妨碍作物对铁的吸收和利用。从来不施用铁微肥的地片会发生缺铁症。

（七）缺锌

（1）典型症状。从中位叶片开始褪绿，叶脉明显，随后叶脉间逐渐褪绿，叶缘黄化乃至变为褐色，直至叶缘枯死，叶片稍外翻或卷曲。

（2）发生原因。盐碱地、砂姜黑土地易缺锌。有报道认为，土壤pH值高（碱性）时，即使土壤中有足够的锌，也不易溶解或不易被吸收。光照过强或吸收磷过多的植株易出现缺锌症。

（八）缺硼

（1）典型症状。苗期生长点附近的节间明显缩短，上部叶片外卷，叶缘呈褐色，叶脉有萎缩现象，叶脉间不黄化。结果期上述症状更加明显，果实表皮出现木质化或污点。

（2）发生原因。土壤中施用有机肥料少、土壤碱性较强（pH值大）、钾肥施用过量，均不利于黄瓜对硼素的吸收利用，造成硼素缺乏症状。沙壤土地中如果一次施用过量石灰肥料，易妨碍黄瓜对硼素的吸收，造成缺硼症。当土壤干旱时，植株对硼的吸收力差，因吸收和利用硼素少，也会出现缺硼症状。

第三节　黄瓜虫害

一、斑潜蝇

斑潜蝇为双翅目潜蝇科植潜蝇亚科斑潜蝇属。据中国科学院动物研究所研究员康乐所著《斑潜蝇的生态学与持续控制》一书中记载，目前全世界有记载的潜叶蝇科有2 517种，斑潜蝇属的有300多种。分布于我国的斑潜蝇种类有蒿斑潜蝇、白菜斑潜蝇、番茄斑潜蝇、小斑潜蝇、葱斑潜蝇、菊斑潜蝇、豌豆斑潜蝇、凯氏斑潜蝇、黄斑潜蝇、微小斑潜蝇、三叶草斑潜蝇、牡荆斑潜蝇、蔬菜斑潜蝇等共14种，其中葱斑潜蝇、白菜斑潜蝇、豌豆斑潜蝇、番茄斑潜蝇都是常见的。近几年在我国华南、华东、华中地区，先后发现了美洲斑潜蝇、线斑潜蝇、瓜斑潜蝇，均是典型的多食性种，3种斑潜蝇混发危害作物，人们统称为蔬菜斑潜蝇或美洲斑潜蝇。目前，此害虫已扩散到山东大部分蔬菜产区，而在华北和西北地区也有发生，对蔬菜生产形成了严重威胁，应密切注意其分布和扩散范围。另有报道，三叶草斑潜蝇更是一种危险的害虫，它比美洲斑潜蝇耐寒，能在温带有霜冻地区越冬，是一个世界分布种，现已扩散到我国的台湾地区及日本、印度等国家和地区，也应引起高度重视，以防传入我国大陆。

（一）生物学特征

斑潜蝇是变态性害虫，每个生育周期要历经卵、幼虫、蛹、成虫4种形态发育阶段。

卵为椭圆形或梨形，大小（0.2~0.3）mm×（0.1~0.15）mm，乳白色，多产于植物叶片的上、下表皮内的叶肉组织，因此在田间不易被发现。但卵在孵化幼虫时变成长圆形棕色，仔细观察可发现，若用放大镜观察可见明显口沟。

在接近孵化时，幼虫在卵壳内做180°旋转后，从前面突破或咬破卵壳而出。1龄幼虫几乎是透明的，2、3龄变成鲜黄或浅橙黄色，4龄幼虫在预蛹期。幼虫蛆状，身体两侧紧缩，老熟幼虫体长达3mm，腹末端具后气门，气门顶端有数量不等的后气门孔，可作为区别种的主要依据。

蛹为圆形，腹部稍扁平，浅橙黄色，有时变暗至金黄色，大小（1.3~2.3）mm×（0.5~0.75）mm。

成虫体长1.3~2.3mm，翅展宽与体长相等，雌成虫比雄成虫稍大，雌雄成虫均为灰黑色。

温度对斑潜蝇的发育速率影响明显，在不同温度条件下，卵期和幼虫期长短相差较大。有试验报道，在 15.6~35.4℃ 温度范围内，温度越高，发育越快，卵期和幼虫期缩短，卵期为 2.2~7.1d，1 龄幼虫期 1.2~4.2d，2 龄 1.0~3.9d，3 龄 1~2d。从初产卵到 3 龄幼虫老熟为 5.2~17.2d，完成一个生育周期所需发育起点温度为 14.7℃，发育积温为 172.5℃，在低于 4.4℃ 的环境中 100% 死亡，在 10℃ 条件下所有幼虫可以化蛹，但不能羽化成虫。因此，蔬菜斑潜蝇（美洲斑潜蝇和番茄斑潜蝇）在我国北方有霜冻地区露地环境条件下不能越冬，但在棚室温暖条件下可相继多代繁殖越冬。相对湿度 30%~70% 有利于此虫化蛹。湿度较低时成虫羽化率降低，当湿度过大引起叶面凝结水（结露）时，成虫将会被游离的水所包围，造成一定数量的死亡。

斑潜蝇的成虫没有趋光性。但成虫的活动主要在白天进行，夜晚多栖居于植株下部的叶片。取食、求偶、产卵行为均在白天进行。8:00 至 14:00 是成虫羽化的高峰期，羽化为成虫后的 24h 内即可交配产卵，一次交配可使雌虫所有卵受精，至少产 100~600 粒的卵。产卵高峰期在羽化后的 4~10d，在 20~27℃ 的温度条件下产卵最多。产卵时是先用产卵器在叶片上刺孔，将卵产于叶表皮内的叶肉组织。刺孔常形成刻点，成虫常从刻点取食。这种用于产卵和取食的刻点常导致更多细胞被破坏。卵在叶片的刻点内孵化出幼虫，幼虫取食时形成弯弯曲曲的蛇形隧道，破坏叶绿素和叶肉细胞，使叶片光合作用减弱。末龄幼虫在化蛹前将叶片食成窟窿，叶片受害更重，被害植物发育迟缓，叶片大量脱落，花、芽和正在发育的果实遭受日灼，茎秆不抗风，甚至植株枯死，导致严重减产或绝产。此外，幼虫潜道和成虫取食形成的刺孔，可促使病原菌侵入叶片染病，也传染病毒病。

从蔬菜斑潜蝇在山东省及寿光市发生的季节来看，冬季棚室保护地的温度虽适宜斑潜蝇发生发展，但由于相对湿度大，蔬菜叶面在夜晚凝结水珠，不利于虫卵的孵化，所以虽有发生，但危害并不重。从3月中旬开始斑潜蝇在棚室内的发生逐渐加重,4月上旬进入危害盛期,4月下旬至5月下旬为棚室保护地斑潜蝇发生危害的高峰期。在露地蔬菜田间,6月上旬蔬菜斑潜蝇进入危害盛期,在雨季到来之前的6月中下旬是发生危害的高峰期。6月上旬至8月上旬,在遇到连续10d无雨的旱情下,斑潜蝇极为猖獗,危害严重。

(二) 危害特点

因美洲斑潜蝇和番茄斑潜蝇(线斑潜蝇、瓜斑潜蝇)混合发生能危害14余科65多种作物,在蔬菜作物中,以番茄、青椒、马铃薯、茄子、黄瓜、冬瓜、西瓜、西葫芦、丝瓜、甜瓜、南瓜、菜豆、豇豆、扁豆、豌豆、甘蓝、白菜、萝卜、油菜、莴苣、芹菜、洋葱、大葱、夏蒜等受害最重。其幼虫在叶片上表皮或下表皮上的叶肉组织(栅栏组织和海绵组织)取食,形成带湿黑色和干褐色虫粪的蛇形白色或浅灰色潜道,加上雌成虫产卵取食叶片造成伤斑,使叶肉组织遭受破坏,光合作用减少,从而导致植株生长缓慢,甚至导致幼苗死亡,成株中下部叶片枯黄,一般减产30%~50%。有的地块或棚室内的黄瓜、西葫芦、丝瓜和番茄、茄子、青椒、菜豆等受害株率达100%,被害叶片率达87%以上,平均单叶有潜道40多条,最多的一片西葫芦叶上有潜道235条,不仅减产严重,而且品质降低。因线斑潜蝇、瓜斑潜蝇、美洲斑潜蝇、菜斑潜蝇、线斑潜蝇、豌豆斑潜蝇均危害多种蔬菜,故菜农通称其为蔬菜斑潜蝇。

(三) 防治方法

1. 农业防治

轮作倒茬:与非寄主作物(如禾本科、葱蒜类)轮作,减少虫源积累。

清洁田园:及时清除田间病残叶、杂草,集中深埋或焚烧,破坏幼虫和蛹的生存环境。收获后深耕土壤，减少越冬蛹的数量。

选用抗性品种：选择抗虫性较强的蔬菜品种（如某些抗虫番茄、黄瓜品种）。

2. 物理防治

黄色粘虫板诱杀：斑潜蝇成虫对黄色敏感，每亩悬挂20~30张黄色粘虫板（离植株顶部15~20cm），定期更换。

防虫网阻隔：保护地栽培（大棚、温室）使用40~60目防虫网，阻止成虫迁入产卵。

高温闷棚：夏季休棚期，密闭大棚7~10d，利用高温（50℃以上）灭杀虫卵和蛹。

3. 生物防治

天敌昆虫：释放寄生蜂（如潜蝇茧蜂、姬小蜂）或捕食性天敌（瓢虫、草蛉），控制幼虫数量。

生物农药：幼虫初期喷洒阿维菌素（安全低毒）、苏云金杆菌（Bt）或多杀霉素，重点喷施叶背。

4. 化学防治

可选用阿维菌素（1.8%乳油，3 000倍液）、灭蝇胺（50%可湿性粉剂，2 000倍液）或高效氯氟氰菊酯（2.5%乳油，1 500倍液），在幼虫初孵期（发现潜道初期）或成虫活动高峰期（清晨或傍晚）施药，按推荐倍数稀释，均匀喷雾，重点喷施叶片正反面。连续2~3次，轮换用药以避免抗药性。注意安全间隔期，确保蔬菜采收安全。

二、温室白粉虱

白粉虱又名温室白粉虱、温室白飞虱，俗称小白蛾、白飞飞，属同翅目粉虱科。有报道指出，目前国内已有2/3的省份发生此虫害，但主要在华北、东北、西北和华中、华东北部地区发生，危害严重，尤其对棚室瓜类、茄果类、豆类蔬菜危害更重。它虫体虽小，却是棚室蔬菜及露地蔬菜的大敌。

（一）生物学特征

雌成虫体长 1~1.6mm，雄成虫略小，触角 7 节，末端有一刚毛，喙粗针状。虫体淡黄色，体面和翅面覆盖白色蜡粉，停息时双翅在体上合成屋脊形如蛾类，翅端半圆状遮住整个腹部，前翅和后翅的翅脉都很简单，沿翅外缘有一排小颗粒。卵长 0.2~0.26mm，侧面观为长椭圆形，有卵柄，柄长 0.02mm，从叶背的气孔插入植物组织中。初产卵为淡绿色，微覆蜡粉，孵化前变成黑色，微具光泽。若虫扁平，椭圆形，为淡黄色或黄绿色。1 龄若虫体长 0.29mm，2 龄 0.37mm，3 龄 0.51mm，4 龄（为伪蛹期）0.7~0.8mm，5 龄为成虫。若虫在发育过程中初期体扁平，逐渐加厚呈蛋糕状，中央略高，黄褐色，后体背有长短不齐的蜡丝，体侧有刺。

白粉虱在北方室外寒冷气候条件下不能存活。在温室大棚内 1 年可发生 10 余代，世代重叠现象严重。冬季各虫态在棚室保护地的蔬菜、花卉上继续繁殖危害作物，无滞育和休眠现象。成虫羽化后 1~3d 可交配产卵，平均每雌虫产卵 140 粒左右，也可进行孤雌生殖，其后代为雄性。成虫有趋嫩性，在寄主植物打顶心之前，成虫总是随着植株的生长不断追逐顶部嫩叶产卵，因此，白粉虱在作物上自上而下的分布为：新产的黄绿色卵、变淡黄的卵、变褐色的卵、变黑色的卵、初龄若虫、老龄若虫、伪蛹、新羽化成虫。由于白粉虱的卵是以卵柄从叶片的气孔插入叶片组织中，并与寄主植物保持水分平衡，所以卵在叶片上极不易脱落，孵化率高。孵化出的若虫在孵化后 3d 内于叶背可做短距离游走。当若虫将口器插入叶组织后就失去了爬行的机能，进入营固着寄生生活的状态，直到 4 龄（伪蛹）后，伪蛹羽化为成虫，才可迁飞群居他处。

白粉虱发育历期长短与温度密切相关，在发育温度范围内，温度越高，发育历期越短，完成一个世代所经历的时间分别为：在

18℃时历经31.5d，24℃时历经24.7d，27℃时历经22.8d。在24℃时各虫态发育历期为：卵期7d，1龄期5d，2龄期2d，3龄期3d，伪蛹期8d。在棚室黄瓜上平均气温为19℃时，完成一代为30d，存活率达85%左右。每雌虫的产卵数可多达300~400粒，经一代种群数量可增长140~150倍。如此呈指数增长，在农业害虫中是罕见的。冬季棚室保护地环境条件适于白粉虱繁殖，且自然天敌的抑制作用微弱，白粉虱的种群数量呈指数增长趋势，这是形成对棚室越冬茬黄瓜等蔬菜危害严重的主要原因。冬季棚室蔬菜和花卉上的白粉虱，是露地春季蔬菜和向日葵、豌豆等多种油料、粮食、花卉作物上的虫源，主要是通过棚室开窗通风或菜苗向露地移植，使棚室内的白粉虱迁入露地。

白粉虱在露地的种群数量，由春到秋持续发展，夏季的高温多雨对其抑制作用不明显，至秋季数量达到高峰，集中危害瓜类、豆类、茄果类、菊科类蔬菜。

在我国北方棚室蔬菜和露地蔬菜生产衔接和交替的地区，可使白粉虱周年发生，尤其是大棚蔬菜集中的产区，白粉虱呈发展趋势，其危害逐年加重。故此，对此虫必须高度重视防治。

（二）危害特点

白粉虱的寄主植物很多，光蔬菜、花卉、农作物就200余种。在蔬菜作物中主要有黄瓜、西葫芦、丝瓜、冬瓜、苦瓜、南瓜、西瓜、甜瓜等瓜类作物，茄子、番茄、辣椒、马铃薯等茄科作物，甘蓝、白菜、芥菜、萝卜、花椰菜等十字花科作物，菜豆、豇豆、扁豆、豌豆等豆科蔬菜，还有莴苣、菊芋、向日葵、苋菜等多种作物。白粉虱的成虫和若虫群居于寄主植物的叶背吸食汁液，分泌蜜露诱发煤污病，还传播某些植物病毒。被害叶片褪绿，变黄，萎蔫，甚至全株枯死。一般减产10%~30%，个别受害严重的地块绝产。因此虫的发生往往引起两大绝产性病害：一是因传播病毒，致病毒病大发生；二是因分泌大量蜜露污染叶片果实，致煤污病大发生。菜农评价此虫是小虫大害。

(三) 防治方法

由于白粉虱世代重叠,各种虫态同时存在,而且成虫白粉虱又能够迁飞,因此防治难度很大。

1. 物理防治

(1) 防虫网阻隔。设施内所有通风口和出入口都设置60目防虫网,防止棚外白粉虱迁飞入内。

(2) 高温和低温处理。在发生危害严重的温室大棚,利用12月至次年1月上旬寒冷冬天把温室短期敞开和春季温度还未完全回升时揭棚,可有效控制害虫的越冬基数,控制该虫危害。此外,在春季大棚蔬菜收获后,进行高温闷棚,将棚内残留的温室白粉虱杀死,避免其大量传到露地作物上危害。

(3) 黄板诱杀。在温室大棚内设置黄板,可诱杀成虫,减少卵虫基数,对温室大棚内的温室白粉虱具有一定的控制作用。用1m×0.17m的纤维板或硬纸板,涂成橙黄色,再涂1层机油(可使用10号机油加少许黄油调匀),按每20m^{2}放1块,置于行间,高度与植株相同,一般7~10d需重涂油1次。也可购置商品黄板直接使用。

2. 农业防治

(1) 培育无虫苗,把好育苗关。严格执行育苗管理,防止将有虫苗带入大棚定植,为温室大棚的防治奠定基础。

(2) 轮作换茬。尽量避免混栽,调整好茬口。上茬种植黄瓜,下茬应安排芹菜、菠菜、韭菜等茬口。此外,在一些温室白粉虱发生危害严重的大棚或日光温室,可改种其不喜欢的耐寒性越冬蔬菜,例如芹菜、生菜、韭菜或大蒜、洋葱等,从越冬环节上切断其自然生活史,以减轻来年对所种植作物的危害。

(3) 清洁棚室。大棚在定植前要彻底清除前茬作物的茬、叶、残株,铲除杂草,运出室外处理,以减少前茬残留的温室白粉虱危害。在受温室白粉虱危害的黄瓜收获后,要彻底清除残枝落叶。对发生区附近的棚室周边杂草,特别是萑草(益母草)要作为重点清除对象,也可对这些杂草喷施除草剂,以减少害虫的适生寄主。

(4)及时摘除老叶并烧毁。因老龄若虫多分布在下部叶片,在茄果类蔬菜整枝打杈时,适当摘除部分枯黄老叶携出室外深埋或烧毁,以压低烟粉虱的种群数量,减轻其危害。

3. 药剂防治

可用喷雾的方法进行防治,用背负式机动喷雾器的烟雾发生器,把农药药油剂雾化成直径 0.5nm 的雾滴,可长时间在无气流活动的空间悬浮,有利于防治隐蔽在叶背面或飞翔的害虫。可选用如下药剂喷雾:10%吡虫啉 2 000 倍液(间隔期为 1d)、3%啶虫脒乳油 1 500 倍(间隔期为 1d)、50%抗蚜威可湿性粉剂 4 000 倍液(间隔期为 7d)、5%顺式氯氰菊酯乳油 5 000~8 000 倍液(间隔期为 3d)、3.3%阿维·联苯菊酯乳油 1 000 倍液(间隔 3d)和 25%噻虫嗪 5 000~10 000 倍液。富锐(美国 FMC 专利)产品中有效成分为 zeta-氯氰菊酯活性较强,在温室内使用对人体伤害、刺激性小,是美国卫生级化合物,属于广谱性菊酯类杀虫剂,2 000~3 000 倍液均匀喷雾。以上药品交替使用,以防害虫出现抗药性。

4. 生物防治

在北方温室大棚内,可人工繁殖释放丽蚜小蜂控制温室白粉虱,每隔两周释放 1 次,共释放 3 次,丽蚜小蜂与温室白粉虱成虫比例达 2∶1 时,能有效控制温室白粉虱的危害。

三、瓜蚜

瓜蚜,又名棉蚜,属同翅目蚜科。其分布除西藏未见报道外,全国各地均有发生,尤其在华北和华中、华东棉区更为普遍。

（一）生物学特征

无翅胎生雌蚜体长 1.5~1.9mm，夏季多为黄绿色，春秋两季深绿色或蓝黑色，体表常有薄蜡粉，腹管黑色，圆筒形。触角第3节无感觉圈，第5节有1个感觉圈，第6节膨大部有感觉圈3~4个。尾黑色，两侧各具3根毛。若蚜共5龄。

在棚室保护地寄主作物上，以成蚜、若蚜越冬持续繁殖，1年可发生30~40代。在自然条件下，华北地区年发生10余代，长江流域年发生20~30代，是以卵在木槿、石榴、花椒、木芙蓉、鼠李、锦葵、苦荬菜、夏枯草、菠菜等植物的基部越冬。翌年2—3月间当5d平均气温达到6℃时，越冬卵孵化为"干母"，气温达12℃时，干母开始胎生"干雌"，在越冬植物上孤雌胎生2~3代后产生有翅蚜，于4—5月间迁飞到瓜田，继续孤雌胎生无翅雌蚜和有翅雌蚜。当有翅蚜占密集在一起的总蚜数的11%以上时，有翅蚜出现第1次迁飞高峰，经1~2个迁飞高峰，就可扩散到全田危害作物。一般在瓜田中出现第3次有翅蚜迁飞高峰后，瓜蚜发生危害严重。到秋末冬初天气转冷时，又产生有翅蚜迁回到越冬寄主植物上，并在越冬寄主上产生两性蚜交尾，即雌雄异体进行交配，并产卵越冬。冬季寄生于棚室保护地蔬菜上的瓜蚜不产生两性蚜，而是继续孤雌胎生若蚜，这样可使瓜蚜常年持续繁殖。在我国北方地区，棚室内越冬蔬菜上的瓜蚜是春季棚室保护地和露地瓜类等寄主作物的主要蚜源。

瓜蚜活动繁殖的温度范围为6~27℃，以16~22℃最适于繁殖。北方地区超过25℃，南方地区超过27℃，空气湿度达75%以上时，不利于瓜蚜繁殖。瓜蚜的繁殖速度与气温关系密切，夏季4~5d1代，春秋10余天1代，冬季在棚室保护地蔬菜作物上6~7d繁殖1代。每头雌蚜可产若蚜60~70头，且世代重叠严重，所以瓜蚜发生发展非常迅速。露地栽培的瓜类蔬菜，在高温多雨和天敌控制作用较强的时期，瓜蚜数量明显下降，危害减轻，而在干旱或雨量较小、温度不高不低、天敌控制作用弱时，瓜蚜数量增加迅速，危害加重。邻近虫源及窝风地块和温室大棚危害重。有翅蚜对银灰色有负趋性，而对黄色有趋性。

瓜蚜（棉蚜）危害作物的特点是成蚜和若蚜群集于叶背、嫩茎、嫩尖吸食汁液，分泌蜜露，使叶片正面煤污，并向背面卷缩，瓜苗生长停滞，叶片干枯，危害严重时整株枯死。更为严重的危害是传播病毒病。

（二）危害特点

瓜蚜的寄主植物主要是锦葵科的棉花、木槿、芙蓉、蜀葵、锦葵、黄秋葵、冬寒菜，葫芦科的黄瓜、南瓜、冬瓜、西葫芦、西瓜、丝瓜、甜瓜，以及茄科、豆科、菊科、十字花科和石榴树等。

（三）防治方法

（1）保护和利用天敌。捕食性天敌有瓢虫、草蛉、食蚜蝇、食蚜瘿蚊、食蚜螨、花蝽、猎蝽、姬蝽等。还有菌类如蚜霉菌等。研究显示，按中华通草蛉与瓜蚜1∶5的比例，将草蛉释放到田间，12d便可以控制瓜蚜危害；按照1∶50的比例释放瓢虫，对秋葵上的瓜蚜控制效果达到99%。

（2）黄板诱杀。瓜蚜有趋黄色的习性，因此在有翅蚜大发生前，提前于田间或保护地内在约高于植株20cm处，设置30cm×50cm黄色诱集板，在板上涂10号机油，并且在温室内侧距出口较远处增加放置密度，每亩设32~34块，每7~10d涂机油1次，或选用市售黄色诱集板，可有效减少瓜蚜发生数量。

（3）银膜覆盖。银灰色对蚜虫有驱避作用，利用这一特性，在田间或棚内用银灰色薄膜代替普通地膜进行覆盖，或者在其周围每隔一定距离悬挂一条10~15cm宽的银灰色带子。

（4）燃放烟剂。适合在保护地内防蚜，每亩用10%氰戊菊酯烟雾剂0.5kg，把烟雾剂均分成4~5堆，摆放在田埂上，傍晚覆盖草苫后用暗火点燃，人退出温室，关好门，次日早晨通风后再进入温室。

（5）药剂防治。当田间瓜蚜呈零星或点片发生时，可结合田间管理，进行挑治，不必全田喷药，发生区域可用吡虫啉、啶虫脒等新烟碱类药剂或联苯菊酯等进行防治。对于蚜量较大的植株或田块可选用吡虫啉等药剂进行喷雾防治。常用药剂有50%灭蚜松乳油2 500倍液，20%杀灭菊酯乳油2 000倍液，2.5%溴氰菊酯乳油2 000~3 000倍液，2.5%除虫菊酯乳油3 000~4 000倍液，50%抗蚜威可湿性粉剂2 000~3 000倍液，20%丁硫克百威1 000倍液，40%菊·马乳油2 000~3 000倍液，40%菊·杀乳油4 000倍液，21%灭杀毙乳油6 000倍液，5%顺式氯氰菊酯乳油1 500倍液，10%蚜虱净可湿性粉剂4 000~5 000倍液，4.5%高效氯氰菊酯乳油3 000~3 500倍液等，每5~7d防治1次，连续防治2次，效果较好。

四、茶黄螨

（一）生物学特征

茶黄螨属于蜱螨目，跗线螨科。全国都有分布，杂食性，可危害30科70多种作物。螨虫个体很小，成年雌螨长约0.21mm，椭圆形，较宽阔，腹部末端平圆。淡黄色至橙黄色，表皮薄呈半透明状。体背部有一条纵向白带，足较短。雄螨稍小，长约0.19mm。卵椭圆状，无色透明，表面具纵列瘤状突起。1年可发生20~30代，有世代重叠现象，以成螨在土缝、基质、蔬菜及杂草根际越冬，靠爬行、风力、工具及苗木、人工传播扩散。

（二）危害特点

成螨和幼螨多集中在作物幼嫩部分刺吸危害，危害黄瓜时主要危害黄瓜的新生叶和嫩叶，被害叶片背面呈灰褐色或黄褐色，带油状光泽，使得叶片变小，增厚僵直，叶缘向背面弯曲，皱缩，变硬发脆。由于螨体极小，肉眼难以观察识别，上述特征常被误认为生理病害或病毒病害。

（三）防治方法

（1）物理防治。拔除苗床和棚室周围的杂草，收获后及时彻底清除枯枝落叶，减少虫源。培育无虫健康秧苗，移栽前喷药，做到带药定植。

（2）药剂防治。选用1.8%阿维菌素乳油3 000倍液、20%复方浏阳霉素乳油1 000倍液、5%噻螨酮2 000倍液加1.8%阿维菌素3 000倍液、5%氟虫脲乳油1 000~2 000倍液、20%双甲脒乳油1 000倍液、15%哒螨灵乳油2 500~3 000倍液、2.5%联苯菊酯乳油3 000倍液喷雾。喷药时，因螨类害虫怕光，因此常在叶背取食，喷药应注意多喷植株上部的嫩叶背面、嫩茎、花器和嫩果上。为提高防治效果，可在药液中混加增效剂或洗衣粉等。

（3）生物防治。利用尼氏钝绥螨、德氏钝绥螨、具瘤长须螨等天敌进行控制。

五、瓜绢螟

（一）生物学特征

瓜绢螟属鳞翅目螟蛾科，成虫体长10~13mm，翅展约25mm，头、胸黑色，腹部白色，末端具黄色毛丛，前后翅白色透明，略带紫色，前翅前缘和外缘、后翅外缘呈黑色宽带。翅白半透明，闪金属紫光。前翅沿前缘、翅面及外缘有一条淡墨褐色的色带，翅面其余部分为白色三角形，缘毛为墨褐色。后翅白色半透明，有闪光。老熟幼虫体长23~26mm，头部、前胸背板淡褐色，胸腹部草绿色，亚背线呈两条较宽的乳白色纵带，气门黑色。卵扁平，椭圆形表面有网纹。蛹长约14mm，深褐色，头部光整尖瘦，翅端达第六腹节。外被薄茧。专家提示：成虫夜间活动，稍有趋光性，卵产于叶片背面，散产或几粒在一起。成虫寿命6~14d。幼虫共4龄，3龄后卷叶取食，幼虫期为9~16d。瓜绢螟产卵具有选择性，喜欢在长势旺盛的植株上产卵。对于同一植株，85%以上的卵分散或数粒一起产在植株的中上部。老熟幼虫通常在被害卷叶内、附近杂草或土壤表层吐丝结茧化蛹。成虫昼伏夜出，具有趋光性。在25~30℃条件下，瓜绢螟完成一世代需要16~25d。

（二）危害特点

以幼虫食害瓜类叶肉、瓜肉。低龄幼虫常十几头或数头群集于叶背啃食，造成许多灰白色斑点，3龄以后吐丝把叶片或嫩梢缀褶起来，幼虫匿居卷叶内取食，致使丝瓜叶片成纱笼状的穿孔或缺刻，失去光合作用，严重时整个瓜棚的叶片被吃光，仅剩下叶脉。幼虫还蛀入瓜内危害，引起烂瓜，影响产量和品质。

（三）防治方法

（1）物理防治。提倡采用防虫网，防治瓜绢螟兼治黄守瓜。及时清理种瓜的棚室，清理棚室内的枯叶、枯蔓，消灭藏匿于枯藤落叶中的虫蛹。生长期间加强瓜园检查，当发现低龄幼虫群集在叶片上危害时，进行人工摘除有虫叶或人工杀之。提倡用螟黄赤眼蜂防治瓜绢螟。

（2）化学防治。在幼虫1~3龄时，选用2%阿维菌素乳油2 000倍液、2.5%溴氰菊酯乳油1 500倍液、20%氰戊菊酯乳油2 000倍液、5%高效氯氰菊酯乳油1 000倍液喷洒。

（3）生物防治。有条件的蔬菜园区，提倡采集、保护、饲养、释放天敌，以天敌控制瓜绢螟发生与危害。目前，国内外关于瓜绢螟天敌的研究主要围绕在生物学特性、田间寄生率等方面进行。据统计，现已鉴定的瓜绢螟天敌有20余种，包括寄生性天敌拟澳洲赤眼蜂、瓜螟小室姬蜂、瓜螟绒茧蜂、菲岛扁股小蜂、棱角肿腿蜂、绢野螟绒茧蜂、黑点瘤姬蜂等，捕食性天敌蚂蚁、蜘蛛、步甲等，以及病毒和一种微孢子虫。调查发现，田间拟澳洲赤眼蜂的寄生率以8—10月较高，瓜螟绒茧蜂在全年均可寄生瓜绢螟幼虫，田间寄生率在14.33%~29.73%，而菲岛扁股小蜂田间寄生率通常在10%以下。将所摘卷叶放在寄生蜂保护器中，可使害虫无法逃走，而寄生蜂可以安全回到田间。

六、红蜘蛛

（一）生物学特征

红蜘蛛属真螨目，叶螨科。成螨雌体长0.48~0.55mm、宽约0.32mm，椭圆形，体色常随寄主而异，多为锈红色至深红色，体背两侧各有1对黑斑，肤纹突三角形至半圆形。雄体长约0.35mm、宽约0.2mm，前端近圆形，腹末梢尖，体色较雌浅。幼螨有3对足，若螨4对足，与成螨相似。卵长约0.13mm，球形，浅黄色，孵化前略红。

幼螨和前期若螨不甚活动。后期若螨则活泼贪食，有向上爬的习性。先危害下部叶片，而后向上蔓延。繁殖数量过多时，常在叶端群集成团，滚落地面，被风刮走，向四周爬行扩散。主要以卵或受精雌成螨在植物枝干裂缝、落叶以及根际周围浅土层、土缝、浅层基质等处越冬。翌年春天气温回升时，越冬雌成螨开始活动危害。先在叶片背面主脉两侧危害，逐渐遍布整个叶片。一般情况下，在5月中旬达到盛发期，7—8月是全年的发生高峰期，尤以6月下旬到7月上旬危害最为严重。该螨完成一代需要10~15d，既可以两性生殖，又可以孤雌生殖，雌螨一生只交配1次，雄螨可交配多次。越冬代雌成螨出现时间的早晚，与寄主本身营养状况的好坏密切相关。寄主受害越重，营养状况越坏，越冬螨出现得越早；反之，到 11 月上旬仍有个体危害。

（二）危害特点

主要危害植物的叶、茎、花等，刺吸植物的茎叶，使受害部位水分减少，表现失绿变白，叶表面呈现密集苍白的小斑点，卷曲发黄。发生量大时，在植株表面拉丝爬行，使植株发生黄叶、焦叶、卷叶、落叶和死亡。同时，红蜘蛛还是病毒病的传播介体。

（三）防治方法

（1）农业防治。在整地时铲除棚室内杂草，清除残枝败叶，并将其烧掉或深埋，消灭虫源和寄主。温室育苗或大棚定植前进行消毒，消灭病菌及害虫。天气干旱时，注意浇水，增加棚室内湿度，抑制其发育繁殖。红蜘蛛危害主要发生在植株生长后期，因此后期栽培管理不能放松。

（2）药剂防治

阿维菌素：1.8%乳油稀释 1 500~2 000 倍液（有效浓度 9~12mg/L），重点喷叶背，间隔 7~10d 用 1 次，连用 2 次。

联苯肼酯：43%悬浮剂稀释 3 000 倍液（有效浓度 143mg/L），持效期长，每 14d 1 次，最多 2 次。

哒螨灵：15%乳油稀释 1 000~1 500 倍液（有效浓度 100~150mg/L），触杀性强，每 7d 1 次，连用 2 次。

螺螨酯：24%悬浮剂稀释 5 000 倍（48mg/L），杀卵效果好，每 10~14d 用 1 次，用 1~2 次。

注意事项：

高温干燥期（25℃以上）红蜘蛛活跃，需加强防治，清晨或傍晚施药。

交替使用不同机理药剂（如阿维菌素+螺螨酯），避免抗性产生。

叶片正反面均匀喷雾,严重时 3d 补喷 1 次。

(3) 利用天敌。害虫的自然天敌种类和数量很多,红蜘蛛的防治可通过在保护地内释放中华草蛉,深点食螨瓢虫,束管食螨瓢虫,异色瓢虫,大、小草蛉,小花蝽和植绥螨等天敌昆虫来防治。中华草蛉在幼虫期平均可以捕食 1 392 头全爪螨,最多可达 2 584 头。大量释放中华草蛉比一般单纯以化学防治的橘园,农药费用能够节省 62.5%~83.5%,可减少生产投资近 31.3%。

(4) 物理防治。利用红蜘蛛不耐高温、高湿的性质进行防治。在 (40±1)℃高温下,3 种朱砂叶螨的生长发育都受到明显限制。试验结果表明,温度 28~31℃内,除卵发育外,其他形态的螨发育历期都随着温度的升高而略有延长。

七、蓟马

(一) 生物学特征

蓟马有多种,均为微小昆虫。棕榈蓟马属于缨翅目蓟马科,全国各地均有分布,危害葫芦科、豆科、十字花科、茄科作物。发育适温为 15~32℃,2℃仍可生存,生育期内世代重叠严重。成虫体长 1mm,橙黄色,有强烈的趋光性和趋蓝色性,可在黄瓜植株上跳跃飞动,多在幼嫩部位取食;若虫黄白色,怕光,多聚集在叶背取食,3 龄末期入土化蛹。卵长椭圆形,白色透明,长 0.2mm 左右。

(二) 危害特点

以成虫和若虫锉吸黄瓜嫩梢、嫩叶花和瓜条的汁液,被害组织老化坏死,枝叶僵硬,植株生长缓慢,叶片黄褐色花叶,瓜条表皮硬化变褐,影响黄瓜的产量和品质。

(三) 防治方法

（1）物理防治。栽培时覆盖地膜，可明显减少出土危害的成虫数量。棚室的通风口、门窗增设防虫网。利用其趋蓝特性，在棕榈蓟马发生初期在田块张挂30cm×40cm蓝板诱杀，张挂密度为每亩15~20块。也可悬挂黄色粘虫板。大棚设施栽培在换茬期间进行土壤消毒或夏季高温闷棚灭虫，减少蓟马转移到下茬作物上危害。

（2）农业防治。清除棚室内残株、杂草，消灭越冬虫源。管理好苗床，培育无虫苗，控制蓟马虫源基数。适时移栽，避开危害高峰。加强水肥管理，使植株生长健壮，增强耐害力。定植前清除、烧毁棚室附近的茄科植物，以减少虫源，防止扩散。

（3）化学防治。蓟马繁殖快，易于成灾，因此防治上应该早发现早用药，重点喷施幼嫩部位和叶片背面。由于蓟马也在地面和棚体上活动，因此温室内喷药时一定要全面，地面、棚体都要喷到，最好用烟雾剂进行熏蒸。目前，灭杀蓟马的有效药物有：10%高效氯氰菊酯2 000倍液、克蓟乳油1 000倍液、3%啶虫脒乳油1 000~1 500倍液，1.8%阿维菌素乳油2 000倍液和10%吡虫啉可湿性粉剂2 000倍液，5%蚜虱净乳剂、10%甲氰菊酯乳油、10%虫螨腈悬浮剂。采取喷雾防治，每3~5d喷1次，连喷2~3次，轮换交替使用。此外，也可用苗期灌根法防治：在幼苗定植前用内吸杀虫剂25%噻虫嗪水分散剂3 000~4 000倍液，每株用30~50mL灌根，对蓟马类害虫具有良好的预防和控制作用。

（4）生物防治。捕食蓟马的天敌有瓢虫类、刺蝽类、捕食螨、纹蓟马属等，还有鳗形线虫和寄生蜂类等，病原微生物主要包括病原真菌和线虫等。福建植保所早些年从国外引进一种捕食螨，该螨已经可以创造生态效益。

2020年初Oro Agri在荷兰推出了新的杀虫/杀螨剂Oroganic。此产品含有天然橙油活性成分，不仅能防治蓟马还能用于温室中番茄、甜椒、辣椒、葫芦科（例如黄瓜）和观赏植物（例如切花），防治叶螨、粉虱、蚜虫和粉蚧。Oroganic 能迅速、有力地击倒靶标害虫和害螨，对有益昆虫的影响低，无残留，没有收获前使用间隔期的限制，可用于生物防治，是理想的综合害物管理（IPM）方法。Oroganic 的物理作用机制为降低害物对活性成分的抗性风险，故可频繁施用，甚至可用于解决害物对喷雾或桶混制剂中其他活性成分的抗性。Oroganic 是安全、对环境友好型产品，是优异的防治措施。

八、迟眼蕈蚊

（一）生物学特征

迟眼蕈蚊又称韭蛆，其幼虫对环境湿度较为敏感，存活的最佳相对湿度在60%~80%，寄主湿度过大立即爬离寄主，不再取食。对温度要求不高，20~25℃是最适生长温度。成虫虽然喜阴湿环境，但相对湿度大于70%不能存活。低龄幼虫喜欢在韭菜茎基和假茎或越冬黄瓜的茎基部和根处取食，高龄老熟幼虫则喜欢在土壤中生活。迟眼蕈蚊幼虫能分泌丝线，结稀疏丝网，粘连寄主残屑，群居在网下取食。迟眼蕈蚊幼虫极为怕光，强光刺激下表现为不停翻滚且四处爬动。

迟眼蕈蚊在黄河流域1年发生4代，以幼虫在韭根周围3~4cm土中或鳞茎内休眠越冬。翌年3月下旬以后，越冬幼虫上升到1~2cm深处化蛹，4月上中旬羽化为成虫，5月中下旬为第1代幼虫危害盛期，5月下旬至6月上旬成虫羽化。6月下旬末至7月上旬为第2代幼虫危害盛期，成虫羽化盛期在7月上旬末至下旬初。第3代幼虫9月中下旬盛发，9月下旬至10月上旬为成虫羽化盛期，10月下旬以后第4代幼虫陆续入土越冬。

(二) 危害特点

迟眼蕈蚊成虫活动能力差,不善飞翔,善爬行,畏强光,喜欢在阴暗潮湿的环境中活动。常聚集成群,交配后 1~2d 即在原地产卵,常造成田间点片分布危害。卵多成堆产于韭菜根茎周围、叶鞘缝隙、越冬黄瓜根周围、嫩头的叶丛及土块下。初孵幼虫分散爬行,先危害韭菜的地下叶鞘及嫩茎,再蛀入鳞茎,或危害越冬黄瓜的茎基部、根或嫩头,再蛀入根和茎基部。幼虫喜欢在湿润的嫩茎、鳞茎或根内生活,一般潮湿的壤土地危害严重。

(三) 防治方法

(1) 农业防治

轮作:与非寄主作物轮作,减少虫源。

清洁田园:及时清除病残体,减少越冬虫源。

土壤处理:种植前深翻土壤,暴晒或使用石灰氮消毒,杀灭幼虫和蛹。

(2) 物理防治

黄板诱杀:利用成虫的趋黄性,悬挂黄板诱捕。

灯光诱杀:使用频振式杀虫灯诱杀成虫。

(3) 化学防治

土壤处理:种植前用辛硫磷处理土壤,杀灭幼虫。

喷雾防治:成虫期喷洒高效氯氰菊酯、溴氰菊酯等药剂,注意轮换使用,避免抗药性。

(4) 生物防治

天敌利用:保护和利用寄生蜂等天敌,控制虫口密度。

生物农药:使用苏云金杆菌或白僵菌等生物制剂,减少化学农药使用。

第六章 黄瓜的采收与商品化处理技术

第一节 黄瓜采收

一、采收时机的选择

黄瓜的采收时机直接影响其品质、口感和经济价值。适时采收不仅能保证果实鲜嫩脆爽、营养丰富，还可延长植株结果期，提高整体产量。以下从采收标准、判断依据及操作要点等方面进行详细阐述。

（一）采收时机的重要性

（1）品质保障。过早采收导致果实发育不充分，口感偏涩；过晚则果肉松软、籽粒硬化，商品价值显著降低。

（2）产量调控。及时采收可减少植株养分消耗，促进后续雌花发育，延长采收期 10~15d。

（3）市场适应性。根据目标市场（鲜食、加工或长途运输）调整采收成熟度，满足差异化需求。

（二）采收时间判断

1. 成熟周期特征

普通黄瓜：开花后 8~12d 进入商品成熟期，果皮由深绿转为鲜绿。

水果黄瓜：开花后 5~7d 即可采收。

留种黄瓜：需延长至生理成熟期（开花后 40~50d）。

2. 成熟度判断标准

（1）外观特征

果皮颜色：深绿色品种表皮鲜亮有光泽，浅绿或白皮品种需观察底色均匀度。

果形比例：瓜条长度达品种特性的 80%~90%（如普通黄瓜长 18~22cm，水果型黄瓜长 12~15cm）。

刺瘤状态：刺瘤饱满未塌陷，刚毛坚挺无脱落。

花萼：未完全干枯，保留 1/3 新鲜度。

（2）触感指标

硬度检测：拇指轻压瓜腰，轻微弹性回弹为最佳。

顶端触感：瓜顶花蒂部触感柔韧，无木质化迹象。

二、采收操作规范

（一）采收时间选择

露地栽培：清晨 5:00—8:00（低温高湿时段，果实含水量最高）。

设施栽培：上午通风 1h 后进行，避免果面结露。

（二）采收工具准备

采收前要准备好采收工具，如剪刀、刀具、手套、塑料筐等。

采摘时要戴棉质手套防止果粉脱落,刀具要用75%乙醇擦拭消毒处理,准备的塑料筐(容量≤15kg)要带透气孔。

(三) 手工采收步骤

采收黄瓜时,用左手托住瓜体下部,右手持工具在果柄基部1.5~2cm处斜向剪断,保留0.5cm果柄,避免直接拽拉。单果轻放于垫有软布的容器中。

(四) 机械采收要点 (适用于加工型品种)

(1) 调整采收机振动频率 (建议180~220次/min)。
(2) 设定输送带运行速度≤0.8m/s。
(3) 采收后立即进行预冷处理。

三、关键注意事项

(一) 环境控制

(1) 避开正午高温时段 (10:00—15:00)。
(2) 雨后需待果面完全干燥后采收。
(3) 空气相对湿度≤80%时操作。

(二) 品质管理

(1) 分级标准
- 特级:果形笔直,色泽均匀,无机械伤。
- 一级:弯曲度<2cm,轻微色差。
- 二级:弯曲度2~4cm,允许少量刺瘤脱落。

(2) 及时剔除病果、畸形果 (弯曲度>4cm)。

(三）植株保护

（1）采收时避免触碰幼瓜和雌花。
（2）维持主蔓叶片完整率≥85%。
（3）采收后及时绑蔓，保持植株直立。

（四）特殊情形处理

若遇连阴雨天气，要雨后间隔 6h 采收，防止"水瓜"现象。同时采用吸水纸单果包裹，减少储运腐烂。

（五）病虫害防控期

施药后严格遵循安全间隔期（通常 3~5d），优先采收受威胁果实，阻断病原传播链。

第二节　采后分级与包装

一、黄瓜采后分级

黄瓜作为我国重要的蔬菜作物之一，在农业生产和居民日常生活中占据着重要地位。随着农业现代化进程的加快和消费者对农产品质量要求的提高，黄瓜分级工作的重要性日益凸显。农产品黄瓜分级不仅关系到生产者的经济效益，也直接影响消费者的购买体验和食用安全，更是农业标准化、产业化发展的重要基础。

从农业生产角度看，黄瓜分级能够有效提高农产品的附加值。未经分级的黄瓜通常以统货形式出售，价格较低且难以体现优质产品的价值。通过科学合理的分级，可以将不同品质的黄瓜区分开来，使优质黄瓜获得应有的价格回报，从而激励生产者更加注重产品质量，形成良性循环。分级过程中对黄瓜的大小、形状、色泽、成熟度等指标的评价，实质上是对生产者种植技术和管理水平的检验，能够促使生产者不断改进栽培方法，提升产品品质。例如，在分级标准中对黄瓜弯曲度的要求，会促使种植者注意光照均匀性和水分管理；对表面瑕疵的限制，则会推动病虫害防治技术的改进。因此，分级制度客观上起到了引导和规范生产的作用，有助于整体提升黄瓜种植业的技术水平。

在市场流通环节，黄瓜分级的意义更为显著。统一的分级标准为买卖双方提供了共同的语言和评价依据，大大降低了交易成本。批发商和零售商可以根据不同等级合理定价，消费者也可以根据自己的需求和预算做出明确选择，减少了市场交易中的信息不对称性问题。分级后的黄瓜更易于包装、储运和展示，有利于降低流通过程中的损耗。特别是对于连锁超市、电商平台等现代销售渠道，标准化的分级产品更能适应其规模化经营的需求。此外，分级还为期货交易、订单农业等现代农产品流通模式奠定了基础，使黄瓜产品能够更好地融入现代化大流通体系。从长远看，完善的分级制度有助于形成全国统一的大市场，促进资源优化配置，解决农产品"卖难买贵"的结构性矛盾。

对于消费者而言，黄瓜分级提供了明确的品质指引和品质保证。在传统农贸市场购买黄瓜时，消费者往往只能凭外观和经验判断质量，缺乏统一标准。实施分级后，每个等级对应的品质特征都有明确规定，消费者可以根据标签迅速了解产品的基本情况，做出符合自身需求的购买决策。特别是随着生活水平提高，消费者对农产品的要求已从单纯满足数量需求转向追求品质和安全，分级制度正好满足了这一变化带来的新需求。高等级的黄瓜可以满足高端消费者对品质的追求，而较低等级的黄瓜则以更实惠的价格满足大众日常需求，实现了市场细分和精准供应。此外，分级制度中对安全指标的纳入（如农药残留限量），也为消费者食品安全提供了额外保障，减轻了消费者的担忧和选择负担。

在国际贸易方面，黄瓜分级是我国农产品与国际接轨的必然要求。发达国家普遍建立了完善的农产品分级标准体系，是其农产品竞争力的重要组成部分。我国黄瓜要想进入国际市场特别是高端市场，必须按照国际通行的标准进行分级和认证。例如，出口到欧盟、日本等地的黄瓜，必须满足其对大小、外观、农药残留等方面的严格要求。建立与国际接轨的分级体系，可以帮助国内生产者明确国际市场要求，有针对性地改进生产和采后处理，提升我国黄瓜在国际市场上的竞争力。同时，统一的分级标准也有利于解决国际贸易中的争端，为质量争议提供评判依据。随着"一带一路"倡议的推进和农业对外开放的扩大，完善黄瓜分级制度将成为促进农产品出口的重要技术支撑。

从产业链整合角度，黄瓜分级是连接上下游的关键环节。完善的黄瓜分级体系，能够为加工企业提供符合特定要求的原料，促进黄瓜加工业的发展。例如，腌制黄瓜对原料的规格和成熟度有特殊要求，分级可以确保加工品质的稳定性；黄瓜汁、黄瓜粉等深加工产品也需要标准化的原料作为基础。同时，分级产生的等外品可以定向用于饲料加工等领域，实现资源的合理利用。在产业链后端，分级产品更便于品牌建设和营销推广，企业可以针对不同等级产品制定差异化战略，打造多层次的产品线。一些农业龙头企业已经开始利用分级结果实施高端品牌战略，如推出"特级""精品"等系列产品，取得了良好的市场反响。因此，分级工作实际上为整个黄瓜产业链的价值提升创造了条件。

在农业现代化进程中，黄瓜分级是实现精细化管理的基础工作。分级产生的数据可以反馈到生产环节，帮助分析不同品种、不同栽培条件下的产品质量差异，为科学决策提供依据。随着信息技术的发展，基于图像识别、近红外检测等智能分选技术开始应用于黄瓜分级，这大大提高了分级的准确性和效率，也为农业大数据应用积累了宝贵资源。未来，这些分级数据可以与种植记录、环境监测等信息结合，实现黄瓜品质的全程可追溯，进一步提升质量管控水平。此外，分级标准本身也需要随着品种改良、消费习惯变化等因素不断更新完善，这一过程本身就是农业科技进步的体现。

从食品安全监管角度看，黄瓜分级制度为质量安全监管提供了有效抓手。传统的农产品安全监管面临产品标准化程度低、难以实施精准监管等困难。通过将安全指标纳入分级标准，可以使监管更加有的放矢。例如，对农药残留、重金属含量等安全指标设立分级门槛，能够激励生产者加强安全控制，也为监管部门提供了明确的执法依据。一些地方已经尝试将分级结果与市场准入挂钩，如只有达到一定等级的黄瓜才能进入高端超市销售，这种基于分级的分层监管模式既提高了监管效率，又避免了"一刀切"的弊端。随着农产品质量安全追溯体系的建设，分级信息将成为追溯内容的重要组成部分，帮助快速定位问题环节，提升应急处理能力。

对于农业科研和技术推广而言，黄瓜分级标准是科研成果转化的桥梁。新品种、新技术的最终价值需要通过产品品质来体现，而分级标准为这种评价提供了客观尺度。育种专家可以对照分级标准培育更符合市场需求的黄瓜品种，栽培专家可以研究提升产品等级的生产技术，采后处理专家则致力于分级前后的保鲜方法。分级标准将市场需求以技术参数的形式反馈给科研人员，使科研工作更加面向实际应用。同时，分级标准也是农业技术推广的重要内容，帮助农民理解"好产品"的具体标准，从而有针对性地改进生产实践。一些地方将分级结果与新品种、新技术示范相结合，直观展示技术应用带来的品质提升和效益增加，取得了良好的推广效果。

在资源节约和环境保护方面，黄瓜分级也发挥着积极作用。分级实现了农产品优质优价，促使生产者从追求数量转向注重质量，客观上减少了化肥、农药的过量使用。等外品黄瓜的合理利用也减少了资源浪费和环境污染。一些现代农业园区开始将分级与精准施肥、灌溉等智慧农业技术结合，根据不同等级产品的比例调整管理措施，实现资源投入的优化配置。从长远看，这种以质量为导向的生产方式变革，将推动农业向更加节约、环保的方向发展，有助于解决农业面源污染等环境问题，实现生产与生态的协调发展。

从乡村振兴和农民增收视角，黄瓜分级是提升小农户竞争力的有效途径。我国黄瓜生产仍以小农户为主，面临规模小、组织化程度低、市场议价能力弱等问题。通过推行统一的分级标准，可以帮助小农户生产更加符合市场需求的产品，并通过分级实现价值提升。一些地方通过合作社或农业企业组织小农户进行统一分级、统一品牌销售，显著提高了产品市场竞争力和收益。分级还为新业态新模式创造了条件，如电商扶贫中，分级产品更便于包装、宣传和物流，帮助偏远地区优质黄瓜进入城市市场。因此，完善黄瓜分级体系可以成为促进小农户与现代农业有机衔接的重要举措，为乡村振兴提供技术支持。

值得注意的是，黄瓜分级的意义还体现在其对相关产业发展的带动作用。分级需要相应的设备、包装材料和技术服务，催生了一批专业从事农产品采后处理的企业。从简单的手工分级工具到自动化智能分选设备，分级相关产业正在形成新的经济增长点。同时，分级标准也为冷链物流、电子商务等新兴业态提供了操作规范，促进了这些产业与农业的融合发展。一些创新型企业开始探索基于分级数据的供应链金融、产品保险等服务，拓展了农业社会化服务的内容。这些衍生产业的发展反过来又推动了分级技术的进步和应用普及，形成了良性互动。

随着消费升级和产业变革，黄瓜分级的内涵和外延也在不断拓展。传统的分级主要关注外观、大小等物理指标，现代分级则越来越注重内在品质、安全性和可持续性等综合属性。一些先进地区已经开始尝试将糖度、维生素含量等内在品质指标纳入分级标准，满足消费者对营养健康的需求；有机栽培、低碳生产等环保属性也开始成为分级考量因素。这种分级理念的进化，反映了农业发展从数量型向质量型转变的大趋势。未来，黄瓜分级可能会与区块链、人工智能等新技术深度融合，发展出更加智能、精准的分级体系，进一步释放其多方面的价值。

在实践层面，推进黄瓜分级工作需要政府、企业、科研机构和消费者多方协同努力。政府应加强分级标准的制定和推广，完善相关配套政策；企业需要积极采用分级标准，创新分级技术应用；科研机构要深入研究分级与品质的关系，为标准更新提供支持；消费者则应树立优质优价的理念，认可分级产品的价值差异。只有各方形成合力，才能充分发挥黄瓜分级的多重意义，推动黄瓜产业高质量发展。

综上所述，农产品黄瓜分级虽然看似只是农业生产末端的一个技术环节，但其意义却贯穿整个产业链和价值链，对提升产品质量、规范市场秩序、保障消费安全、促进国际贸易、推动产业升级等方面都具有深远影响。随着我国农业现代化进程的加快和居民消费水平的不断提高，黄瓜分级工作的重要性将更加凸显。完善黄瓜分级体系，既是当前产业发展的迫切需求，也是实现农业高质量发展的长远之计，需要引起各方高度重视并持续推进。

（一）分级标准与方法

黄瓜等级及规格划分见表6-1和表6-2。

表6-1 黄瓜等级划分

等级	特级	一级	二级
指标	①具有该品种特有的颜色，光泽好。②瓜条直，每10cm长的瓜条弓形高度≤0.5cm，距瓜把端和瓜顶端3cm处的瓜身横径与中部相近，横径差≤0.5cm，瓜把长占瓜总长的比例≤1/8。③瓜皮无因运输或包装而造成的机械损伤。④98%以上产品符合该等级的要求。	①具有该品种特有的颜色，有光泽。②瓜条较直，每10cm长的瓜条弓形高度在0.5~1.0cm，距瓜把端和瓜顶端3cm处的瓜身与中部的横径差≤1cm，瓜把长占瓜总长的比例≤1/7。③允许瓜皮有因运输或包装而造成的轻微损伤。④95%以上产品符合该等级的要求。	①基本具有该品种特有的颜色，有光泽；②瓜条较直，每10cm长的瓜条弓形高度在1~2cm，距瓜把端和瓜顶端3cm处的瓜身与中部的横径差≤2cm。③瓜把长占瓜总长的比例≤1/6。③允许瓜皮有少量因运输或包装而造成的损伤，但不影响果实耐贮性。④95%以上产品符合该等级的要求。

表 6-2 黄瓜规格划分

	大（L）	中（M）	小（S）
长度/cm	>28	16~28	11~16
同一包装中最大果长和最小果长的差异/cm	≤7	≤5	≤3

（二）分级流程

初筛去杂：人工剔除畸形果、病虫害果及严重损伤果；

机械分选：采用重量传感式或图像识别式分选机，按预设参数自动分级；

人工复检：对机械分选结果进行抽检，确保等级一致性。

二、包装材料与技术要求

（一）包装材料选择

选择材料时，要看材质透湿性不能过高，需依品种而异。要有合适的透气性，使过高的 CO_2 和 C_2H_4 透出，让所需的 O_2 透入，且对 CO_2 的渗透能力大于 O_2，黄瓜一般选用打孔塑料膜（孔径 2~3mm，孔距 5cm）或微孔保鲜膜。材料同时要具备一定强度、耐低温且热封性好。瓦楞纸箱边压强度≥6kN/m，塑料周转箱承重≥20kg，内衬 PE 或 PP 防潮纸（克重≥30g/m²）。此外，选择还受黄瓜产品本身成本限制，要兼顾产品价值、包装材料成本、对保护产品质量的作用以及销售价格等因素，可优先选用可降解生物基材料（如 PLA、淀粉基塑料），符合 GB/T 38082—2019 标准。

（二）包装规格设计

（1）零售小包装。PVC 托盘+收缩膜包装，每盒 4~6 根，总重 1.0~1.5kg。

(2) 批量运输包装。

折叠式塑料筐：容量 15kg/筐，堆码不超过 5 层。

瓦楞纸箱：B 型瓦楞，尺寸 50cm×30cm×20cm，承重 15kg，箱体印刷绿色食品标识及追溯二维码。

(三) 预冷与包装协同工艺

采用差压预冷（4℃±1℃ 条件下）2h 后进行包装，配合蓄冷剂（冰袋或相变材料）维持冷链环境，确保箱内温度波动≤2℃。

第三节 冷链物流及保鲜技术

黄瓜作为一种常见的蔬菜，因其水分含量高、呼吸速率大，采后极易失水、萎蔫和变质。为延长黄瓜的保鲜期，减少采后损失，冷链物流与保鲜技术的应用显得尤为重要。本节将详细介绍黄瓜冷链物流的关键环节及保鲜技术。

一、黄瓜冷链物流的关键环节

(一) 采收

黄瓜应在适宜的成熟度采收，避免机械损伤。采收后应及时进行分级和包装。

(二) 预冷

预冷是冷链物流的第一步，目的是迅速降低黄瓜的田间热，延缓呼吸作用。常用的预冷方式包括冷库预冷、真空预冷和冷水预冷。

(三) 贮藏

温度控制：黄瓜的适宜贮藏温度为 10~12℃，温度过低会导致冷害，过高则会加速衰老。

湿度控制：黄瓜贮藏的相对湿度应保持在 90%~95%，以减少水分蒸发。

气体调节：适当降低氧气浓度（3%~5%）和提高二氧化碳浓度（5%~10%）可以延缓黄瓜的呼吸作用和衰老。

(四) 运输

冷藏运输：运输过程中应使用冷藏车或冷藏集装箱，确保温度稳定在 10~12℃。

防震措施：黄瓜易受机械损伤，运输过程中应采取防震措施，如使用泡沫箱或气垫膜。

(五) 销售与配送

零售冷藏：在超市或农贸市场，黄瓜应放置在冷藏柜中销售，温度控制在 10~12℃。

配送保鲜：配送过程中应使用保温箱或冷藏袋，确保黄瓜在短时间内保持低温。

二、黄瓜保鲜技术

黄瓜质地嫩脆、水分含量高。在采收后仍具有旺盛的生命活动，极易衰老，仅能保藏较短时间。

(一) 黄瓜的贮藏特性

1. 易衰老

采收后的黄瓜质地嫩脆，颜色深绿，瓜条匀称，种子尚未发育。但贮藏过程极易发生衰老，尤其是高温环境会加剧衰老进程。表现为表皮由绿逐渐转黄，顶部发糠，瓜肚（花冠端）膨大，呈棒槌状，种子逐渐发育成熟，瓜皮变糠，果肉绵软，酸度增高等，食用品质明显下降。这些变化与呼吸作用有直接或间接的关系。因此，在贮藏中应设法创造一个能有效抑制呼吸速率的贮藏条件，以延长贮期。

2. 对低温的敏感

黄瓜起源于喜马拉雅山南麓的热带森林潮湿地区，喜欢温暖湿润的环境，所以它同番茄、辣椒等一样，是一种冷敏性较强的果实，当温度低于10℃时就会出现冷害，冷害初期症状为瓜面出现凹陷斑和水渍斑，黄瓜的头部尖端最为敏感，随后整个瓜条凹陷斑变大，瓜条失水萎缩、变软。黄瓜的冷害症状在低温下一般不表现出来，在升温后特别是在常温销售过程中表现出来。因此，在实际操作中要注意严格控制温度。

3. 易受机械损伤

黄瓜质地脆嫩，并且大部分品种都是带刺品种，在采摘、运输和贮藏中很容易受到机械损伤，即使碰掉一根刺也会形成一个伤口，从而引起病菌感染，甚至腐烂。因此，应在采摘、包装和运输等操作中力求无伤操作，精细管理。

4. 对乙烯敏感

黄瓜对贮藏环境中的乙烯非常敏感，即使环境中有少量乙烯（$1mg/m^3$），也会加速黄瓜的衰老，在储运中一定要避免与容易产生乙烯的蔬果（如苹果、香蕉、番茄等）混放，同时，还要注意吸收黄瓜自身产生的乙烯，贮藏中可用乙烯吸收剂吸收产生的乙烯或者用1-MCP乙烯抑制剂抑制乙烯的产生。

(二) 黄瓜对贮藏条件的要求

1. 温度

黄瓜贮藏的适宜温度为 8~12℃，8℃以下会受冷害，冷害的症状表现为脱水、萎蔫、局部出现凹陷斑等。当温度超过 13℃ 时，会加速衰老。

2. 相对湿度

黄瓜表皮缺乏角质层，很容易失水萎蔫，要求环境中的相对湿度要保持在 95% 左右，低于 95% 则很快失水。采用保鲜袋可以达到这个要求。

3. 气体成分

已有研究表明，黄瓜在 CO_2 和 O_2 浓度均处于 2%~5% 的气体条件下，贮藏效果最好。

(三) 黄瓜贮藏的关键技术

1. 品种的选择与采收

由于黄瓜品种差异，其最佳贮藏温度也有所不同。深绿、表皮和果肉厚实且刺少的黄瓜贮藏时间更长。黄瓜刺多易发生机械损伤，从而易受到病菌侵染造成腐烂变质。选取生长在植株中部的黄瓜最耐贮藏；切勿采收接触地面的瓜，因为连地瓜与土壤接触，瓜身带有许多病菌，容易腐烂；也应避免采收生长在植株顶上的黄瓜，这类黄瓜多为植株即将枯竭时生长出的果实，其营养物质含量不足，外形品质不佳，耐贮性低。

黄瓜应做到适时早采，优先选择顶部带刺、颜色碧绿、种子未成熟的黄瓜采摘，果肉厚实、形状规则、成熟度恰当的黄瓜更耐储藏。成熟度不足的黄瓜往往质地过嫩、水分含量多且营养物质积累不足，不利于贮藏。

2. 贮藏方式及技术要点

利用气调贮藏方式能使黄瓜贮藏时间达到一个半月，好瓜率达 80%。

  贮藏库应预先消毒,将碎硫黄点燃,密闭熏蒸 24h,硫黄用量为 $10\sim20g/m^3$。熏蒸完成后,应充分通风换气,排除库内残烟。贮藏黄瓜之前,库房还应做好提前预冷,预冷温度达到 8℃。堆放前需预先铺垫塑料薄膜,再附稻秸层,将挑选好的黄瓜按每层架 3~5 层摆放,等库温稳定在 8℃后,在每层加放一些消石灰和乙烯吸收剂来吸收多余的 CO_2 和乙烯,然后进行封帐。

  封帐后,利用制氮机充氮降氧,调节帐内 O_2 浓度为 2%~5%,CO_2 浓度维持在 5%以内。

  采用气调法贮藏黄瓜,任一环节掌握不好都会使黄瓜腐烂。因此,除掌握好气体成分、湿度等各个环节外,还要特别注意库内温度变化。如果库温度变化过大,会产生结露,这种结露水滴到黄瓜表面后,会引起黄瓜腐烂。

  黄瓜冷链物流与保鲜技术的应用,能够有效延长黄瓜的保鲜期,减少采后损失,提高经济效益。通过合理的采收、预冷、贮藏、运输和销售环节,结合物理、化学和生物保鲜技术,可以最大限度地保持黄瓜的品质和营养价值。未来,随着技术的不断进步,黄瓜的保鲜技术将更加高效和环保。

第七章 黄瓜加工技术与产业发展

第一节 黄瓜加工产业概述及加工技术

一、黄瓜加工产业概述

(一) 黄瓜加工产业发展现状

中国是全球最大的黄瓜生产国和消费市场。根据黄瓜行业发展现状分析的数据,中国黄瓜的年产量已经超过了7 000万t,占全球总产量的50%以上。黄瓜在中国市场的消费量非常庞大,是餐桌、加工品及蔬菜供应的重要来源。预计到2030年,全球黄瓜市场将继续扩展,年产值可能超过1 000亿美元。

中国黄瓜市场规模庞大,且增长迅速,这得益于中国丰富的农业资源和庞大的劳动力群体,为黄瓜生产提供了得天独厚的条件。国内黄瓜市场呈现出多样化的发展趋势,不同品种、规格的黄瓜满足不同消费者的需求。这种多样性不仅丰富了市场,也为黄瓜产业注入了新的活力。随着现代农业技术的发展,黄瓜的种植技术不断提高。温室种植、水培技术、智能农业等技术的应用,使得黄瓜能够全年稳定供应市场,减少了季节性和气候性对黄瓜生产的影响。这些技术的应用不仅提高了黄瓜的产量,还提升了黄瓜的品质。中国不仅是全球最大的黄瓜生产国,也是重要的黄瓜出口国。近年来,中国黄瓜出口数量逐年增加,出口市场不断拓展。在国际贸易自由化和区域经济一体化的背景下,黄瓜的出口市场具有较大的拓展潜力。中国黄瓜市场的需求也在不断扩大,随着消费者对健康饮食的日益重视,黄瓜作为低热量、高营养的蔬菜,其市场需求量逐年增加。特别是在一些大城市和沿海地区,黄瓜作为新鲜蔬菜的重要组成部分,其消费量更是逐年攀升。在国际市场,中国黄瓜的出口量逐年增长,显示出强劲的国际竞争力。中国黄瓜主要出口到东南亚、欧洲等地区,满足了这些地区对高品质黄瓜的需求。国外市场对黄瓜的需求主要集中于鲜食和加工领域,且对黄瓜的品质和安全性有着较高的要求。这促使中国黄瓜产业不断提升产品质量和安全性,以满足国际市场的需求。

黄瓜是一种高度易腐蔬菜,其水分含量高,保存期短。在采摘后,黄瓜需要快速运输到市场进行销售,否则会因为腐烂而造成损失。黄瓜加工是延长产业链、提升附加值、减少产后损失的核心手段。通过将黄瓜进行加工可有效延长保质期,如腌制产品达 12 个月;在一定程度上可提升附加值,如深加工产品(如黄瓜脆片、腌渍品)附加值提升 30%~50%;缓解集中上市的压力,稳定市场价格。但目前黄瓜加工转化率仅 18%(鲜食占 82%),显著低于发达国家平均 35% 的水平,但年加工量约 1 260 万 t,产值达 800 亿元。山东、河北、辽宁为三大核心产区,合计占全国加工产能的 65%。典型案例包括山东寿光"合作社+中央厨房"模式提升种植户收益 30%,大连普兰店"旗杆底"黄瓜通过深加工实现年产值 800 万元。

(二)国内外黄瓜加工产业发展现状

由于消费观念和生活方式的差异,国外市场对黄瓜的品质、口感和外观有着更高的要求,尤其是对黄瓜生产过程中的农残、药残等指标控制比较严格,比如欧盟严格规定农残与添加剂的添加限量

(如规定亚硝酸盐≤30mg/kg),倒逼中国出口欧盟企业改进生产工艺。美国则对黄瓜的分级标准比较细化(如按长度、直径分4级),推动产品溢价,而中国分级体系尚不完善。国外黄瓜产业链高度集约化,如荷兰采用智能温室实现全年生产,加工设备能效比高[真空冷冻干燥机 0.1t/(kW·h)]。同时加工转化率高(35%以上),产品注重功能性与标准化。例如,欧盟通过纳米包装膜技术延长货架期至18个月,且功能性产品(如降血压胶囊)占比高,日本"浅渍黄瓜"便捷小包装占超市份额40%,德国酸黄瓜年出口量超10万t,美国黄瓜汁饮料年增长率8%。

中国黄瓜产业在全球市场中具有举足轻重的地位,种植面积达到128.02万hm^2,年产量超过5 000万t,占全球总产量的40%以上,甚至在某些年份超过70%,其中山东、河北黄瓜产量占比40%,但加工专用品种比较少,占比不足20%。黄瓜加工主要以中小型企业为主,占80%。产品以初加工为主,如腌制黄瓜、干制黄瓜等,附加值较低,且设备自动化率低,冷链覆盖率仅占38%,大大限制了黄瓜加工产业的发展。黄瓜加工产品市场以亚洲为主,基本是初级加工产品,出口欧盟则面临亚硝酸盐残留标准(≤30mg/kg)等技术壁垒。近年来,随着加工技术的提升及人们对黄瓜健康食品的需求,精深加工黄瓜产品占比逐步提升,如采用超临界CO_2萃取黄瓜籽油(亚油酸含量58.3%)、益生菌发酵黄瓜汁(活菌数>$1×10^9$CFU/mL)等,附加值为5~8倍,但智能化设备渗透率仅30%。北美洲的格林纳达通过中国技术援助实现黄瓜产量提升30%,但加工技术依赖进口,产业链不完善。

因此,中国黄瓜在进军国外市场时,需要充分了解目标市场的需求和偏好,制定针对性的营销策略。国外市场中的竞争同样激烈,中国黄瓜需不断提升产品质量和品牌形象,以在市场中脱颖而出。在竞争格局方面,中国黄瓜在国内外市场中均面临着激烈的竞争。在国内市场,国内黄瓜需要与进口黄瓜竞争,争夺市场份额。而在国际市场,中国黄瓜则面临着来自其他国家的竞争压力。为应对这种竞争压力，中国黄瓜产业需加强品牌建设，提升产品附加值，以增强市场竞争力。中国应积极拓展国际市场，提高黄瓜的出口量，以进一步推动黄瓜行业的发展。通过品牌建设和国际营销活动，提升中国黄瓜在国际市场上的知名度和美誉度。将有助于增强中国黄瓜在国际市场上的竞争力，扩大出口市场份额。

二、黄瓜加工品种选育与采后分级技术

（一）加工专用品种选育

1. 品种特性与加工适配性

黄瓜加工对原料的理化特性有严格要求，需满足表7-1中的各项指标。

表7-1 专用品种加工适配性

特性指标	加工要求	鲜食品种（普通）	加工专用品种（如津优35号）
固形物含量	≥6%	4%~5%	7.20%
纤维化程度（脆度值）	>300g（穿刺法）	200~250g	320~350g
果胶含量	≥1.2%（干基）	0.8%~1.0%	1.50%
多酚氧化酶活性	≤50U/g（抑制褐变）	80~100U/g	35~40U/g

案例：山东寿光选育的"寿研6号"黄瓜，固形物含量达7.8%，腌制后脆度保持率93%，较普通品种提升25%。

2. 专用品种选育技术

（1）分子标记辅助育种。筛选与脆度相关的QTL位点（如 *CsFBA1* 基因），缩短育种周期至3~4年（中国农业科学院开发的SNP标记技术，品种筛选准确率提升至90%。）。

（2）杂交优势利用。通过"津优35号"×"绿珍一号"杂

交，培育出低纤维（脆度值360g）、高抗褐变新品种。

（二）采收与分级标准化

1. 采收成熟度控制

最佳采收期：黄瓜八成熟时（开花后10~12d），此时长度18~22cm，直径3~4cm；果肉紧实度5~6N（质构仪测定）；表面刺瘤完整率>95%；采收窗口：清晨（5:00~8:00）采收可减少呼吸消耗，延长货架期2~3d。

2. 分级标准与技术

（1）分级参数对照（表7-2）

表7-2 各级参数对照表

等级	长度/cm	直径/cm	弯曲度/°	表面瑕疵
特级	20±1	3.5±0.2	≤5	无机械伤、病斑
一级	18~22	3.0~4.0	≤10	轻微瑕疵≤2处
二级	15~25	2.5~4.5	≤15	允许少量刺瘤脱落

（2）分级技术

①机械分级。滚筒式分级机（孔径分级误差±0.3cm），处理量2t/h。

②光电分选。近红外光谱（NIR）检测糖度与内部缺陷，准确率达98%。

应用案例：河北某企业采用光电分选后，原料利用率从75%提升至92%。

（三）清洗、去皮及护色技术

1. 高效清洗工艺

（1）气泡清洗。参数：气压0.3MPa，水温25~30℃，清洗时间5~8min；效果：去除表面农药残留85%，杂质去除率达95%。

(2)超声辅助清洗。频率40kHz，功率300W，可清除刺瘤内嵌污垢，菌落总数降低2个对数级。

2. 去皮技术对比（表7-3）

表7-3 各类去皮方式技术对比

去皮方式	适用产品	去皮率/%	果肉损失率/%	能耗成本/(元/t)
机械削皮	腌制黄瓜、果脯	95	15~20	50
蒸汽软化	速溶黄瓜粉	90	10~12	80
酶法去皮	高端脆片、提取物	98	5~8	120

创新方案：日本开发的低温等离子体去皮技术（-20℃处理），果肉损失率仅3%，但设备成本较高（约200万元）。

3. 护色与褐变控制

（1）化学护色

护色液配方：0.2% $CaCl_2$+0.1%柠檬酸+0.05% L-半胱氨酸；效果：褐变指数从0.65降至0.18，V_C保留率提升至85%。

（2）物理灭酶

微波灭酶：700W处理45s，多酚氧化酶活性降低90%；

漂烫工艺：95℃热水处理2min，过氧化物酶失活率>95%。

研究的试验数据见表7-4。

表7-4 护色试验结果

处理方式	褐变指数	V_C保留率/%	硬度损失率/%
未处理	0.72	50	25
化学护色	0.2	83	8
微波灭酶+化学护色	0.15	88	5

（四）预处理技术经济性分析

预处理的经济效益分析见表7-5。

表 7-5 预处理技术经济性分析

技术环节	单位成本/（元/t）	加工效率/（t/h）	综合评分（1~5分）
光电分级	15	1.5	4.5 分
酶法去皮	120	0.8	4.0 分
超声清洗	25	2.0	4.8 分

优化建议：中小型企业可采用"气泡清洗+机械去皮"组合（综合成本 70 元/t），大型企业宜选用"超声清洗+酶法去皮"（品质优先）。

三、黄瓜初加工技术详解

（一）清脆原味黄瓜干

（1）选择八九成熟的黄瓜，首先用流动水洗净，然后去除瓜蒂，破开瓜除去瓤子，并晾去水分。

（2）把黄瓜放入大缸中（缸要放在背阴的地方），用预先晒过的大粒盐（50kg 黄瓜用 4~6kg 盐）腌渍。采取放入一层黄瓜撒一点盐的方法逐层摆放，然后用干净的石块或其他重物压在黄瓜顶层，腌 7~10d，瓜水就被腌压出来了。

（3）将腌压后的盐水黄瓜放在日光下晒干，晒时每天要翻动 1~2 次，也可把黄瓜用线串起来放到阴凉的地方阴干。晾晒的程度以摸着不黏手即可。晾干后可以放在冷冻室里保存或出售。吃的时候用水泡即可。

（二）脆嫩糖渍黄瓜

（1）选用肉质细致脆嫩、直径在 3cm 以上的幼嫩青色黄瓜，用清水充分清洗，横切成长 4cm 左右的小段，并去掉瓤子，在瓜段周围划上条纹。

（2）将处理好的瓜段立即投进饱和澄清的石灰水中浸渍 5~

7h，捞出后投入含2%明胶和微量叶绿素铜钠盐（呈青绿色）的溶液中，浸泡4h，然后捞出，沥干后糖渍。

（3）糖渍方法是先将50kg瓜段放入糖渍的桶中，再将50%浓度的糖液40kg加热煮沸，趁沸倒进糖渍桶中，浸渍24h（不可搅拌）；然后把浸渍桶中的糖液用管子抽入加热锅中，煮到104℃后加入食用香酸钠0.04kg，趁热抽入糖渍桶内再浸渍48h，中间再抽出糖液再加入2次，使瓜段浸渍均匀；最后将糖液抽出入锅，加砂糖6kg，煮到115℃，再加入瓜段，拌匀。停止加热后，放置1d移出放入烘盘中。

（4）将烘盘上的瓜段稍压成扁块状，入烘干机以65℃的温度烘干，待含水量降到14%时移出即为成品。

（三）风味香辣瓜丁

（1）配料比例。黄瓜50kg、白砂糖50kg、蒜泥1.5kg、辣椒粉800g、姜粉800g、芹菜（切碎）800g、丁香粉100g、白矾粉100g、肉桂粉50g、食用香酸钠30~40g。

（2）选取长8cm左右、直径为2.5cm左右的青嫩黄瓜为原料，将黄瓜洗净，并将整个黄瓜用针刺法穿透瓜身，使之易于脱水和吸入糖液，然后投入含0.1%的亚硫酸钾及0.1%的氯化钙水中浸8h后移出滤干水分备用。

（3）将白砂糖与其他配料充分混匀后同黄瓜一起入坛，采取放一层黄瓜撒一层白砂糖混合料的方法，边装边压实，直至装满坛为止，而后密封坛口。

（4）入坛后的前7d，每日将坛摇动2次，需在坛中浸渍1个月。然后开坛捞出黄瓜，滤去糖液，放在太阳下晾晒1d左右，待表面水分晒干后切成2cm长的小段，晒至半干即为成品。

（四）甜酱黄瓜

黄瓜下缸时一层黄瓜一层盐，入缸码好，等卤与黄瓜相平时，再用竹针扎眼,晚间把黄瓜晾在席上,散热及夜露,第 2 天再入原缸,连续 3 次后,再倒缸 1 次,用盐码好,不带卤,封罐。然后再把腌好的黄瓜用水浸出盐分,每 36h 换 1 次水,出缸控干,日晒至减少水 30%左右再装入口袋,入缸下酱,每袋重 2.5kg,一层口袋一层酱,每次串两次缸,15~20d 即成。

(五) 糖醋黄瓜

挑选后的嫩黄瓜,下缸腌渍,鲜瓜 50kg 分层下盐,压盖放上 30%石头。根据气温适当地进行乳酸发酵,时间不宜过长,否则容易变坏。然后捞出放在清水里,泡去盐分,再压去适当水分,浸泡在糖醋液里腌渍。

(六) 虾油小黄瓜

工艺流程:选瓜→盐腌→倒缸→脱盐→灌虾油→倒缸→成品。

还可制成面酱乳黄瓜,绍兴酱瓜。黄瓜经腌渍后,风味多样且适宜长期食用,但不易储存。下面介绍几种保藏方法可供采用。

(1) 缸藏时,要使总盐分达 18%~20%,菜卤要高出菜面 10~14cm,低温避光,经常检查,保证菜卤清晰。

(2) 瓶装酱菜,可用高温灭菌。

(3) 采用无菌包装、真空包装法,用于复合塑料、铝箔包装酱菜。

(4) 适量添加防腐剂,香料、糖、酱、酒、辣料等也能起到一定的防腐作用。

(七) 糖醋黄瓜

工艺流程:原料选择→盐腌处理→脱盐→糖醋渍→包装→杀菌→冷却→成品。

1. 选料及盐腌处理

选择幼嫩短小肉质坚实的黄瓜，充分洗涤，勿擦伤其外皮。先用8%的食盐水等量浸泡于腌渍缸内。第2天按照坛内黄瓜和盐水的总重量加入4%的食盐，第3天又加入3%的食盐，第4天起每日加入1%的食盐。逐日加盐直至盐水浓度能保持在15%为止。任其进行自然发酵2周。

2. 脱盐

发酵完毕后，取出黄瓜。用清水浸漂使黄瓜内部绝大部分食盐脱去，取出沥干待用。

3. 糖醋渍

以配100kg糖醋香液汁，需要柠檬酸和冰醋酸各1kg，蔗糖25kg，氯化钙100g，丁香50g，豆蔻粉50g，生姜200g，月桂叶50g，桂皮50g，白胡椒粉100g。将各种香料磨细用布包裹加水熬煮1~2h过滤后备用。砂糖加热溶解过滤后煮沸，加入其他配料，最后加入冰醋酸（温度切不可超过82℃），补加开水至100kg即成糖醋香液。将黄瓜置于糖醋香液中浸泡，约半个月后黄瓜即饱吸糖醋香液变成甜酸适度又嫩又脆、清香爽口的加工品。

4. 罐藏

如需罐藏，可将糖醋香液与黄瓜按40∶60的比例同置于不锈钢锅内加热至80℃，趁热装罐，加糖醋香液至满，加盖密封。封口温度在75℃以上，不再杀菌也可长期保存。密封后迅速冷却。

（八）黄瓜罐头

选用清脆黄瓜，于洗涤槽中刷洗干净，浸入100℃、15%~16%的碱液中，经2~3min，进行去皮。清洗干净之后，将去皮黄瓜切成2~3mm厚的片。再用3%盐水浸2~3h，此时约有30%的盐渗入瓜片，然后淋去水滴，拌入调味料，按罐头净重量计算，每100kg加350~450g糖，22~30g胡椒末，44g红辣椒。汤汁的配方为100L中加10%醋酸25~27L，糖1~2kg，盐3.8kg。装罐量瓜片占净量 75% 左右。脱气密封杀菌条件为 85℃、30min，成品中瓜片要平直，质脆嫩而不软，食盐含量为 0.7%~1.5%。

（九）黄瓜脯

原料选择：选择幼嫩、横径 3.5cm 以上的青色黄瓜，充分漂洗后，横切成长约 4cm 的短段，用口径 1.5~2cm 的圆筒形捅心器捅去瓜心，并用刀片把段周围纵划若干条纹，深度为瓜肉的 1/3~2/3。

硬化及保色处理：将上述处理好的原料投入饱和澄清石灰水中浸渍 4~6h，再移入含明矾 2%、含微量叶绿素铜钠盐的溶液中浸渍 4h，捞出沥干水分。

糖渍：配制 50kg 浓度为 45%~50% 的糖液，煮沸后放入瓜段 50~60kg，浸渍 24h。翌日把瓜段捞出，并向糖液中加入适量白糖，使浓度保持在 45%~50%，再次煮沸，然后把瓜段加入，将其浸渍 24h。这样反复几次，使糖液浓度达 65%~70%。最后浸渍 24~48h。

烘烤：将糖渍好的瓜块捞出，沥净糖液后均匀地摆在烘盘上，送入烘房烘烤。在 65~70℃ 条件下烘 12~16h，手摸不粘手、水分含量在 16%~18% 时出烘房，烘烤中隔一定时间要进行通风排湿，并进行 1~2 次倒盘，以使其干燥均匀。

（十）黄瓜汁

1. 工艺流程

选料→破碎去籽→预热→过滤→均质→装罐→杀菌→冷却→成品。

2. 制作要点

选料：选用成熟适度、无霉烂的黄瓜，洗净，去梗。

破碎去籽：将准备好的黄瓜，用压榨机或人工破碎去籽。

预热：将破碎去籽的黄瓜，迅速加热到 80℃ 左右，以杀死附在黄瓜上的微生物，并破坏果胶酶、氧化酶，稳定维生素，以有利于提高出汁率。

粗滤和精滤：黄瓜压榨后，再经粗滤和精滤得汁液。

配料：黄瓜汁、砂糖等适量混合均匀。

均质装罐：用高压均质机均质后装罐。

杀菌和冷却：沸水杀菌15min左右后迅速冷却到38℃左右。

检验入库：擦干、贴上标贴入库。

四、精深加工核心技术

（一）智能发酵与低盐控制技术

1. 发酵工艺革新

（1）复合菌剂协同发酵

菌种组合：植物乳杆菌（*Lactobacillus plantarum*）与戊糖片球菌（*Pediococcus pentosaceus*）按3∶1比例复配，接种量$2×10^6$CFU/g。

代谢调控：通过菌群协同作用，将亚硝酸盐峰值从50mg/kg降至13.5mg/kg，发酵周期缩短至20d。

复合菌剂发酵试验数据见表7-6。

表7-6 传统自然发酵与复合菌剂发酵对比

指标	传统自然发酵	复合菌剂发酵
亚硝酸盐峰值/（mg/kg）	48.7	13.2
总酸含量/（g/L）	0.008	0.012
脆度保持率/%	0.75	0.93

（2）智能化控制体系

闭环控制：集成pH传感器（精度±0.05）、温度调控模块（精度±0.5℃）与自动翻料系统，实现发酵过程精准控制。

应用案例：四川眉山某企业采用智能发酵罐后，批次稳定性提升40%，人力成本降低65%。

2. 低盐工艺优化

（1）梯度降盐技术

盐度控制：初始盐度6%（抑制杂菌）→每日递减0.5%→终盐度3%。

渗透压补偿：添加2%葡萄糖与0.1%谷氨酸钠，维持乳酸菌活性。

（2）风味保持方案

挥发性物质分析：采用GC-MS检测，低盐发酵产品中特征风味物质（己醛、壬醛）保留率>90%。

消费者测试：低盐产品（3%盐度）接受度达85%，显著高于传统高盐产品（6%盐度，接受度60%）。

（二）联合干燥技术体系

1. 微波-压差膨化联合干燥

（1）工艺原理

微波预处理（700W、5min）：快速升温至60~70℃，灭酶并减少褐变。

压差膨化（0.3MPa→瞬间泄压）：形成多孔结构，脆度值提升至300g以上。

热风终干（60℃、2h）：含水率稳定在5%以下，V_C保留率>80%。

（2）试验数据见表7-7。

表7-7 微波-压差膨化联合干燥与传统热风干燥对比

指标	传统热风干燥	联合干燥	提升幅度
能耗/（kW·h/kg）	2.8	1.5	↓46%
脆度/g	180	320	↑78%

（续表）

指标	传统热风干燥	联合干燥	提升幅度
复水比	3.2	6.8	↑112.5%
V_C 保留率/%	0.3	0.82	↑173%

应用场景：适用于黄瓜脆片、即食调味品等高附加值产品，山东某企业采用后出口单价提升87%。

2. 真空冷冻干燥（FD）

（1）工艺优化

预冻条件：-40℃速冻，冰晶尺寸≤50μm，减少细胞破裂。

升华参数：真空度10Pa，加热板温度50℃，干燥时间24h。

复水性：复水比达6.8:1.0，显著高于热风干燥的3.2:1.0。

（2）经济性分析见表7-8。

表7-8 真空冷冻干燥的经济性分析

项目	真空冷冻干燥	热风干燥
设备投资/万元	150	30
吨加工成本/元	3 500	800
产品溢价/倍	5~8	2~3

（三）功能成分高效提取技术

1. 超临界CO_2萃取黄瓜籽油

（1）萃取条件。压力35MPa，温度45℃，CO_2流量20L/h，时间2h。

（2）得油率和品质见表7-9。

表 7-9 超临界 CO_2 萃取黄瓜籽油的得油率和品质指标与传统压榨对比

指标	超临界萃取	传统压榨
得油率/%	19.8	12
亚油酸含量/%	58.3	42.5
维生素 E/（mg/kg）	32	18

（3）设备选型。推荐南通华安 HA-SFE50 型设备，投资约 150 万元，回收期 3~5a。

2. 酶解法制备活性肽

（1）双酶分步水解

一级水解：碱性蛋白酶（pH 值 8.5，50℃、3h），水解度达 25%；

二级水解：风味蛋白酶（pH 值 6.0，45℃、2h），水解度提升至 38%。

活性评价：ACE 抑制率 67%（$IC_{50}=0.38g/L$），抗氧化活性（DPPH 清除率 85%）。

（2）产业化案例。江苏某企业年产 10t 黄瓜活性肽，用于降血压胶囊，年产值 8 000 万元。

（四）纳米保鲜与包装技术

1. 壳聚糖-TiO_2 纳米膜制备

基材处理：聚乙烯（PE）膜经等离子体活化（300W、30s）；涂层复合：喷涂含 2%壳聚糖与 0.5%纳米 TiO_2 的乙醇溶液。

2. 保鲜效果（表 7-10）

表 7-10 纳米膜与普通 PE 膜保鲜效果对比

指标	普通 PE 膜	纳米膜
货架期/月	12	18

（续表）

指标	普通 PE 膜	纳米膜
霉菌抑制率/%	70	95
透氧率/ [cm^3/ (m^2·d)]	1 200	450

（五）技术经济性综合评价

黄瓜精深加工手段的技术经济性综合评价见表 7-11。

表 7-11 黄瓜不同精深加工手段的技术经济性评价

技术	投资强度/元	附加值倍数/倍	适用规模	推荐指数（★）
智能发酵	中（50 万~100 万）	3~5	中型以上企业	★★★★
超临界 CO$_2$ 萃取	高（>150 万）	10~15	大型企业/科研机构	★★★
微波-压差联合干燥	中（30 万~50 万）	5~8	中小型升级企业	★★★★★

五、高附加值产品开发

（一）即食产品创新

1. 益生菌黄瓜汁

（1）菌种选育。采用耐酸型嗜酸乳杆菌（*Lactobacillus acidophilus*），活菌数>1×10^9 CFU/mL。

（2）发酵工艺。37℃发酵 24h，添加 3% 低聚果糖（益生元），后熟阶段4℃冷藏48h。

(3)包装技术。PET瓶充氮包装(氧气残留≤0.5%),货架期延长至6个月。

(4)益生菌黄瓜汁的市场表现见表7-12。

表7-12 益生菌黄瓜汁在调研区域的市场表现

指标	益生菌黄瓜汁	传统黄瓜汁
零售量(瓶)	46 006	45 785
复购率	45%(电商渠道)	20%
功能宣称	肠道调节、免疫提升	基础解渴

案例:浙江某企业推出"青润"益生菌黄瓜汁,年销售额突破8 000万元,占其总营收的35%。

2. 黄瓜-海藻复合脆片

(1)原料配比。黄瓜浆:海藻粉=7:3(湿基),添加2%魔芋胶提升脆度。

(2)干燥技术。压差膨化(0.3MPa→常压)+微波干燥(700W、5min),脆度值>300g。

(3)营养强化。每100g含膳食纤维12.3g、钙150mg(占日需量15%)。

(4)产品出口竞争力见表7-13。

表7-13 黄瓜-海藻复合脆片出口情况

市场	认证要求	价格/(元/80g)	市占率/%
欧盟	有机认证(ECOCERT)	28	0.1
日本	功能性标示(FOSHU)	25	0.15
国内	绿色食品标志	18	0.3

(二) 功能性食品开发

1. 降血压胶囊(黄瓜活性肽)

(1) 活性成分

核心物质:分子量<3kDa 的 ACE 抑制肽,$IC_{50} = 0.38$mg/mL (优于大豆肽的 0.52mg/mL)。

剂量设计:每日摄入 500mg,相当于 200g 鲜黄瓜提取物。

(2) 临床试验

样本量:120 例轻度高血压患者(60~75 岁),双盲对照试验。

结果:连续服用 8 周后,收缩压平均降低 12.3mmHg(对照组降低 4.5mmHg)(注:1mmHg=133.32Pa)。

(3) 认证和商业化情况

认证:通过国家保健食品"蓝帽子"认证。

商业化路径:江苏某药企推出"绿源康"胶囊,终端售价 800 元/瓶(60 粒),毛利率达 65%。

2. 膳食纤维代餐棒

(1) 原料循环利用

皮渣处理:黄瓜皮酶解(纤维素酶+木聚糖酶)提取膳食纤维,得率 61%。

配方优化:黄瓜纤维:燕麦:奇亚籽的重量比为 5:3:2,添加菊粉改善口感。

(2) 营养指标见表 7-14。

表 7-14 膳食纤维代餐棒营养指标

成分	含量(每50g)	功能宣称
膳食纤维	6.2g(25%日需量)	促进肠道健康
蛋白质	5.5g	饱腹感维持
热量	120kcal*	低卡控糖

*1kcal≈4.18kJ。

(3) 渠道策略。主打健身与母婴群体,通过小红书、抖音直播带货,复购率38%。

(三) 跨界应用探索

1. 美容化妆品

(1) 核心成分开发

黄瓜多糖:超声辅助提取(40kHz、300s),保湿率提升35%(相较于透明质酸)。

籽油纳米乳液:粒径≤100nm,经皮吸收率提高至70%(普通乳液为40%)。

(2) 产品矩阵见表7-15。

表7-15 开发的常见美容化妆品

品类	代表产品	核心成分	附加值/倍
面膜	黄瓜多糖水光面膜	多糖含量≥5%	3
精华液	籽油修护精华	纳米籽油乳液	4
防晒霜	黄瓜多酚物理防晒	SPF30$^+$/PA^{+++}	2.5

案例:上海某品牌"青语"系列,年销售额破1.2亿元,其中面膜单品占60%。

2. 生物材料

(1) 纤维素膜开发

提取工艺:黄瓜皮渣碱处理(1% NaOH)→漂白→成膜。

性能参数:拉伸强度45MPa,透光率90%,可降解时间30d(自然条件)。

(2) 应用场景。食品包装替代塑料膜,成本0.8元/m^2(传统塑料膜0.5元/m^2)。

（3）政策红利。符合"禁塑令"要求，获地方政府补贴200元/t原料采购费。

（四）产品开发流程与风险管理

黄瓜高附加值产品风险管理策略见表7-16。

表7-16 黄瓜高附加值产品风险控制策略

风险类型	应对措施	案例参考
技术失败	中试阶段多方案并行（3种工艺比选）	某企业活性肽提取优化节省30%成本
市场接受度低	预售测试（500人盲测，满意度>80%时准入）	"青润"黄瓜汁调整甜度后上市
政策合规	提前对接检测机构（如SGS、华测）	欧盟出口产品预检通过率提升至95%

（五）市场前景与投资回报

1. 经济效益对比

黄瓜高附加值产品经济效益对比见表7-17。

表7-17 黄瓜高附加值产品经济效益对比

产品类型	投资强度/万元	毛利率/%	回报周期/年
益生菌黄瓜汁	50~80	55	2~3
降血压胶囊	200~300	65	4~5
化妆品	100~150	70	3~4

2. 政策机遇

研发补贴：高新技术企业享受 15% 所得税优惠。

出口退税：深加工产品出口退税率 13%（鲜品仅 5%）。

六、黄瓜副产物综合利用与绿色生产

在黄瓜加工过程中，会产生大量的副产物，如皮、籽、藤蔓等。这些副产物若不能得到有效利用，不仅会造成资源浪费，还会对环境造成污染。因此，对黄瓜副产物进行综合利用，实现绿色生产，是黄瓜产业可持续发展的重要方向。

(一) 黄瓜副产物的综合利用

黄瓜副产物中含有多种生物活性物质，如黄瓜籽油、黄瓜皮渣等，具有很高的开发价值。目前，黄瓜副产物的综合利用主要集中在以下几个方面。

饲料化利用：黄瓜藤蔓、皮等副产物经过发酵处理后可作为饲料添加剂，提高饲料的营养价值。

能源化利用：黄瓜籽渣等副产物可用于生产生物燃料，如生物柴油、乙醇等。

食品化开发：黄瓜籽油是一种优质的食用油，具有很高的营养价值；黄瓜皮渣可用于制作食品添加剂，增加食品的风味和营养价值。

药用化开发：黄瓜副产物中的多种活性成分具有药用价值，可用于开发药物或保健品。

(二) 皮渣资源化利用技术

(1) 膳食纤维提取与高值化应用

预处理：黄瓜皮渣干燥粉碎至 60 目，含水率≤5%。

碱法提取：1% NaOH 溶液（80℃、1h）去除木质素，得率 61%。

酶解纯化：纤维素酶+木聚糖酶（50℃、4h），纯度提升至 85%。

（2）产品开发见表 7-18。

表 7-18　黄瓜皮渣资源化利用

产品类型	应用场景	附加值/倍
代餐纤维棒	健康食品	3~5
可食用包装膜	替代塑料	4~6
益生元添加剂	乳制品/饮料	8~10

案例：河北某企业年产 500t 黄瓜膳食纤维，替代进口燕麦纤维，成本降低 40%。

（三）活性成分再提取

1. 多酚与黄酮回收

提取工艺：乙醇超声辅助提取（70% 体积分数，40kHz、30min），得率 2.3%；

活性成分抗氧化活性：DPPH 清除率 89%（$IC_{50}=0.12mg/mL$），用于功能性饮料。

2. 蛋白质回收

酶解工艺：碱性蛋白酶水解（pH 值 8.5，50℃、3h），得率 18%，用于饲料蛋白强化。

（四）绿色生产技术

绿色生产是指在黄瓜种植、加工过程中，采用环保、节能、高效的生产方式，减少对环境的污染和资源的消耗。

通过黄瓜副产物的综合利用与绿色生产技术的推广应用，不仅可以提高黄瓜产业的经济效益，还能促进黄瓜产业的可持续发展，实现经济效益与生态效益的双赢。

1. 废水处理与循环利用模式

（1）分级处理技术

①预处理。格栅过滤：去除悬浮物（SS 去除率 85%）；调节池：pH 值调至 6.5~7.5，COD 从 5 000mg/L 降至 3 000mg/L。

②生物处理。UASB 厌氧反应：HRT=24h，COD 去除率 65%，产沼气 0.35m³/（kg·COD）；好氧处理：活性污泥法（溶解氧含量为 2~4mg/L），COD 进一步降至 200mg/L。

③深度处理。膜分离技术：超滤（截留分子量 10kDa）+反渗透，出水 COD≤50mg/L，回用率≥80%。

（2）资源化利用路径见表 7-19。

表 7-19 废水资源化路径

处理阶段	产物	应用方向	经济收益
厌氧沼气	甲烷（CH_4）	锅炉燃料（替代天然气）	每吨水 0.8 元
污泥	有机肥	农田施用 [（N-P-K）≥5%]	每吨污泥 120 元
回用水	中水	设备冷却、清洗	节约水费 1.2 元/t

案例：山东某厂年处理废水 10 万 t，沼气发电收益 60 万元，污泥制肥创收 150 万元。

2. 废气与废热回收

（1）废气处理技术

活性炭吸附：苯系物去除率 95%，运行成本 15 元/kg VOCs。

生物滤池：微生物降解（填料比表面积≥800m²/m³），适用于低浓度废气。

（2）热能回收：

余热锅炉：干燥工序余热（80~120℃）回收发电，效率 25%。

数据对比：见表 7-20。

表 7-20　余热回收数据

工艺	年耗能/（万 kW·h）	余热回收量/（万 kW·h）
未回收	1 200	0
余热利用	900	300

农业农村部部署农产品及加工副产物综合利用工作，强化副产物"循环利用、高值利用、梯次利用"理念，重点内容包括：一是农产品副产物向工业产品转化的循环利用。坚持资源化、减量化、可循环发展方向，促进综合利用企业与合作社、家庭农场、种养大户有机结合，促使种养加主体调整生产方式，使农产品副产物更加符合向工业产品加工转化实现循环利用的要求和加工原料标准，把玉米芯、菜叶菜帮、等外果、残次果、蔗渣等农产品副产物制作成酒精、饲料、肥料、微生物菌、草毯等工业制品，起到综合利用、转化增值、治理环境的作用。二是加工副产物的高值利用。开发利用稻壳、麸皮胚芽、油料粕、薯渣薯液、果皮果渣、畜禽骨血与内脏、水产品皮骨与内脏等加工副产物丰富的营养成分，用作生产食品、提取营养和活性物质、饲料、肥料以及其他精深加工产品。建立副产物收集、处理和运输的绿色通道，实现加工副产物的有效供应和加工。三是加工废弃物的梯次利用。采用先进的加工技术，对废弃物进行梯次利用，吃干榨净；推广应用环保技术，购置环保设施设备，加大废弃物处理力度，实现加工企业的清洁化生产；严格执行环保要求，加大监管力度，杜绝二次污染。

七、黄瓜加工装备选型

（一）黄瓜加工设备选型

黄瓜加工设备选型见表 7-21。

表 7-21 常见黄瓜加工设备的选型

设备类别	设备名称	价格区间/万元	适用场景	能效比（处理量/能耗）
清洗分级设备	全自动气泡清洗机	2.5~4.0	原料预处理	高 [0.8~1.2t/(kW·h)]
	滚筒式分级机	1.2~2.0	按直径分级	中 [0.5t/(kW·h)]
切片切丝设备	多功能切菜机（双头）	0.8~3.0	腌制/脱水原料处理	高 [1.5t/(kW·h)]
	压差膨化切片机	15~25	脆片生产	中 [0.3t/(kW·h)]
脱水干燥设备	微波-热风联合干燥线	30~50	黄瓜脆片/果脯	中高 [0.6t/(kW·h)]
	真空冷冻干燥机	80~150	高附加值产品	低 [0.1t/(kW·h)]
发酵腌制设备	智能控温发酵罐	45~950	低盐乳酸发酵	高 [2t/(批次·kW·h)]
	真空滚揉机	45~789	调味黄瓜丁	中 [0.8t/(批次·kW·h)]
功能提取设备	超临界 CO_2 萃取装置	120~300	黄瓜籽油/活性成分提取	低 [0.05t/(kW·h)]
	酶解反应釜	45~884	活性肽制备	中 [0.4t/(批次·kW·h)]
包装杀菌设备	纳米膜自动包装机	45~826	即食产品保鲜	高 [3 000袋/(kW·h)]
	巴氏杀菌流水线	45~724	腌制黄瓜灭菌	高 [1t/(kW·h)]

（二）选型指南与关键参数解析

1. 生产规模匹配原则

小型企业（年加工量<1 000t）：优先选择多功能组合设备（如双头切菜机+微波干燥一体机），预算控制在50万元以内；

中型企业（1 000~5 000t）：需配置连续化产线（气泡清洗→智能发酵→联合干燥），设备投资约200万~500万元；

大型企业（>5 000t）：需引入智能化车间（视觉分选+AGV 物流+区块链溯源），单线投资超 1 000 万元。

2. 能效比优化策略

高能效设备：微波干燥[能效比 0.6t/（kW·h）]、气泡清洗机[0.8t/（kW·h）]，适合规模化生产；

低能效设备：真空冷冻干燥[0.1t/（kW·h）]、超临界萃取[0.05t/（kW·h）]，需通过高附加值产品弥补成本。

3. 价格与性能平衡

（1）价格与建议

国产替代：切片机（国产 3 万元、进口 15 万元）、发酵罐（国产 15 万元、德国同类 50 万元）。

进口设备：仅建议用于核心技术环节（如超临界萃取、纳米包装膜）。

（2）售后服务与运维成本

核心设备：优先选择提供全年驻厂服务的品牌（如东富龙、楚天科技）。

易损件：切片机刀组（年更换成本约 0.5 万元）、干燥机滤网（年维护费约 1.2 万元）。

（三）核心智能设备选型

核心智能设备选型见表 7-22。

表 7-22 常见黄瓜加工核心智能设备选型

设备类型	功能模块	技术参数	应用场景
视觉分选机	高光谱成像+AI 瑕疵识别	处理速度≥5t/h，瑕疵识别率 99.7%	原料分级、成品质检
AGV 物流系统	激光导航+自动避障	载重 1t，定位精度±5mm，转运效率提升 3 倍	车间物料流转

(续表)

设备类型	功能模块	技术参数	应用场景
智能发酵罐	pH/温度实时调控+自动翻料	容积 5m³，控温精度±0.5℃，批次一致性提升40%	低盐发酵、益生菌培养
数字孪生干燥线	虚拟仿真+参数优化	干燥能耗降低15%，故障预测准确率90%	联合干燥工艺调试

第二节　黄瓜加工产业国际经验与中国路径

一、国际黄瓜加工产业标杆模式

（一）欧盟：标准驱动型升级

1. 法规体系

（1）质量安全。EU No.2021/382 规定腌制黄瓜亚硝酸盐残留≤30mg/kg（严于中国50mg/kg）。

（2）绿色认证。有机加工品需满足 ECOCERT 标准（化学添加剂禁用，能源消耗≤0.5kW·h/kg）。

数据支撑：欧盟黄瓜加工品出口单价达6.5欧元/kg（中国出口单价为2.3欧元/kg）。

2. 技术特征

（1）智能化渗透率：德国企业智能发酵罐普及率超80%，人力成本占比仅15%。

（2）循环经济：荷兰工厂皮渣利用率98%，废水回用率90%，碳排放强度仅中国同类企业的60%。

案例：荷兰 GreenFarms 公司采用"温室种植+机器人加工"模

式，单位面积产值达 120 欧元/m² （中国寿光模式为 40 欧元/m²）。

（二）日本：功能化深加工模式

1. 产品创新

（1）功能宣称。通过 FOSHU 认证的黄瓜降血压饮料（含 ACE 抑制肽），占精深加工产品的 55%。

（2）专利布局。2023 年日本在黄瓜加工领域专利数达 1 280 项（中国为 680 项），集中在活性成分提取（占比 40%）。

2. 产学研协同

典型机制：企业（如 Kagome）联合京都大学建立"原料-加工-临床"一体化平台，新品研发周期缩短至 8 个月。

（三）美国：跨界融合路径

（1）医药领域。黄瓜多糖用于抗肿瘤药物载体（NIH 临床 Ⅱ 期试验）。

（2）美容产业。Estée Lauder 公司推出黄瓜多肽抗衰系列，单品售价 200 美元/50mL。

（3）资本驱动。风险基金（如 Khosla Ventures）注资初创企业，单笔融资超 5 000 万美元。

二、中国产业现状与瓶颈

（一）优势与机遇

中国黄瓜加工产业的优势与机遇见表 7-23。

表 7-23 中国黄瓜加工产业的优势与机遇

维度	中国现状	国际对比
生产规模	年加工量 1 260 万 t（全球第一）	土耳其（第二）仅 280 万 t

第七章　黄瓜加工技术与产业发展

(续表)

维度	中国现状	国际对比
人力成本	3美元/h	德国30美元/h；东南亚（其中越南1.5美元/h）构成潜在竞争
政策支持	深加工项目最高补贴500万元	欧盟补贴集中于绿色技术

（二）核心瓶颈分析

1. 技术断层

（1）设备差距。智能发酵罐国产化率仅30%，高端依赖进口（德国和日本占70%的份额）。

（2）工艺滞后。真空冷冻干燥普及率不足10%（日本达35%）。

2. 市场壁垒

（1）认证缺失。仅5%企业通过欧盟有机认证（日本企业为25%）。

（2）品牌弱势。海外市场贴牌率超80%，自主品牌溢价不足。

三、中国产业升级路径

（一）技术追赶策略

（1）重点领域。超临界萃取（引进德国Uhde技术）、纳米包装（合作日本东洋自动机）。

（2）本土化改造。山东某企业改良德国干燥线，能耗降低20%，成本减少40%。

(二) 市场突破路径

1. 内需升级

中国内需升级情况见表 7-24。

表 7-24　中国内需情况

客群	产品定位	价格带/（元/瓶）
银发族	降血压胶囊（500mg/d）	800~1 200
Z 世代	黄瓜益生菌气泡水	8~12

2. 出口策略

中国可采取的出口策略见表 7-25。

表 7-25　中国出口策略

市场	主打产品	认证门槛
东南亚	即食脆片	HALAL 清真认证
欧盟	有机黄瓜籽油	ECOCERT+REACH 双认证

(三) 政策协同建议

（1）标准接轨。修订《黄瓜加工技术规范》，对接欧盟亚硝酸盐、日本功能宣称标准。

（2）金融支持。设立产业基金（规模 100 亿元），定向支持装备国产化（贴息贷款 3%）。

（3）人才培育。在大学教育中增设"果蔬深加工"交叉学科，年培养专才 500 人左右。

四、发展路线与典型案例

(一) 关键技术突破点

(1) 智能发酵。开发国产复合菌剂（替代丹麦 Chr. Hansen 公司的产品），成本降低 50%。
(2) 绿色包装。量产可降解黄瓜纤维膜（成本≤1 元/m^2）。
(3) 数字孪生。建成 10 家国家级黄瓜加工智能工厂（生产效率提升 35%）。

(二) 国内标杆：寿光模式升级版

(1) 引入荷兰温室种植技术（产量提升 30%）。
(2) 联合华为开发"黄瓜大脑"AI 平台（故障率降低 50%）。
目标：建成全球最大黄瓜深加工基地（年产值破 200 亿元）。

(三) 国际对标：日本 Kagome 模式本土化

(1) 技术授权。引进 FOSHU 功能宣称体系。
(2) 渠道共享。借助其海外网络进入欧美高端市场。
预期效益：单品溢价率提升 80%。

第八章　黄瓜全产业链提质增效模式构建

第一节　"三链协同"提质增效模式构建

一、模式构建背景

黄瓜被誉为全球十大蔬菜之一，而中国在全球黄瓜生产中占据领先地位，不仅生产面积最大，产量也最高，每年中国黄瓜面积占全球比重超过54%，产量占比更是高达74%以上。黄瓜不仅因其可生食、熟食及腌渍的特性而深受全球人民喜爱，更在现代生活中成为一种新型的保健食品，备受'三高'人群及追求美丽的消费者的青睐。黄瓜茎藤还可作药用，能消炎、祛痰、镇痉，具有广泛的应用价值。并且黄瓜一年四季均有生产，在解决蔬菜市场周年均衡供应中占有重要地位，是中国大部分地区调整产业结构、实现农民增收、促进农村经济发展的支柱产业。近年来，随着人民生活水平和健康意识的持续提升，消费者越来越关注安全优质的产品，这使得安全优质的黄瓜展现出了巨大的市场潜力和广阔的发展空间。但目前山东省临沂市黄瓜产业在农业现代化进程中面临许多制约因素，黄瓜产业提质增效还存在诸多瓶颈，急需通过推广覆盖全产业链的提质增效关键技术，破解黄瓜产业发展困境。其中产业发展的主要问题如下。

(一) 黄瓜优质种苗不能满足产业发展需求

当前黄瓜集约化育苗尚无法满足产业发展需求，产业化水平偏低，育苗条件简陋，导致质量难以保障。黄瓜种子渠道多而乱，造成黄瓜种苗质量不稳定，产品商品性不好；高素质集约化育苗技术人才匮乏，技术支撑体系不健全。外购成品集约化黄瓜种苗质量参差不齐，品种区域适应性亦难保障。因此优质黄瓜种苗缺口较大。发展集约化育苗虽然有一些扶持政策，但是与育苗产业的需求相比，对个别育苗企业的扶持还是杯水车薪，大部分育苗企业还是不能扩大育苗规模，提升育苗设施，从而制约了蔬菜育苗产业的快速健康发展。提高繁育优质黄瓜种苗，是促进黄瓜产业高质量发展和农业增效、农民增收的有效举措。

(二) 设施环境调控能力弱及绿色生产技术的集成应用不足

设施黄瓜生产对环境条件要求较高，由于受土地资源的限制，黄瓜种植区域连年重茬种植。在临沂市当前设施栽培条件下，质量控制管理难度相对较大，尤其是在连年种植的主产区，病虫害发生较严重，黄瓜产品质量安全问题还不能得到全面解决。保护地设施标准化、现代化水平低，设备不配套，抗灾与环境控制能力弱，常遭低温、弱光、高湿、高温等影响，致黄瓜产量低、品质不佳。由于栽培技术的轻简化、精准化等方面也比较薄弱，受多方面因素制约，新技术推广应用较慢；农药残留、化学肥料的不科学施用，以及激素、重金属等其他污染导致产品安全存在隐患、农业生态环境问题尤为突出，产地环境急需净化。

(三) 黄瓜商品化处理滞后，制约增收

目前黄瓜采后多数以初级产品形态进入市场，未经分级的产品以较低的价格售出，经销商进行分级处理，然后再以较高的价格售

出；即使在产地进行分级的产品，分级的规则也不统一，影响了黄瓜的商品性和价格。黄瓜采后商品化处理涉及采摘、分级、清洗、包装、贮藏和运输等多个环节，采摘过早、过晚或使用不适当的工具或方法都可能造成黄瓜的损伤，影响其商品性；分级标准不统一或执行不严格，导致分级不准确，影响销售；包装材料不透气或密封不严导致黄瓜变质，方式不合理导致黄瓜在运输过程中受到挤压而损伤，影响黄瓜的品质和保鲜期；运输过程中车辆不卫生、温度过高或过低、运输时间过长等，都导致黄瓜的品质下降。由于采后处理技术落后，分级、预冷、包装及冷链物流等技术应用不到位，采后处理组织化程度低，无法满足人民日益增长的黄瓜鲜食与精加工的保鲜储藏要求，并且由于产品档次低端，品牌价值还未彰显，优质不优价的现象比较明显。

（四）产品诚信体系建设不足及附加值低

随着消费水平的升级，人们对高品质黄瓜的需求增加。一方面普遍缺少品质、口感和营养价值突出的高档黄瓜产品，但另一方面高品质的产品还需要依靠品牌的力量实现增值，而品牌的打造需要完善的质量控制体系支撑。目前各地虽加强了无公害、绿色、有机农产品认证，但认证的黄瓜也只局限于部分地区。黄瓜质量安全问题没有得到全面有效控制，但过度夸大的负面宣传报道在消费者心中造成的信任危机并没有消除，质量追溯技术体系还没有得到广泛实际的应用。这些问题成为黄瓜产业提质增效、转型升级的主要制约因素。加之黄瓜生产主要是根据种植户个人的经验与滞后的信息，缺乏及时的市场引导，信息化程度低，造成生产和需求对接不够统一和高效，价格波动大，供应饱和与供应匮乏反复出现，"菜贱伤农"已经成为行业的常见现象，亟须通过提高黄瓜生产及销售的组织化程度解决黄瓜销售的后顾之忧；同时，黄瓜加工产品以腌渍黄瓜为主，存在加工专用品种少、精深加工水平低、附加值不高的问题。为延伸黄瓜产业链，需加大精深加工技术研发，引进加工专用品种，推动黄瓜加工向保健食品、功能食品、化妆品转型升级，提升产品附加值。

二、模式构建的路径

构建黄瓜产业高质量发展路径，必须着眼于打通黄瓜全产业链提质增效堵点。其中黄瓜产前重点问题在于优质品种的选择和优质种苗的质量管控和科学的土壤改良；黄瓜产中的重点问题在于在运用减药减肥生产技术的同时实现产量和风味的双提升；黄瓜产后的重点问题在于提高商品化处理程度，提升冷链物流配送质量，以及产品诚信保障体系建设，全程质量追溯体系建设等关键环节，同时增加黄瓜综合加工利用渠道。通过构建黄瓜全程质量控制技术体系，实现提高黄瓜产品品质，丰富产品品类，培育产品品牌，促进全产业链融合发展。因此，为推进供给侧结构性改革，满足消费者多元化需求，提升标准化和品牌化水平，实现黄瓜产业的转型升级，增加农民收入，亟须加速推广全产业链的黄瓜育苗技术、栽培环境优化与品质管控技术，以及黄瓜高值化综合利用等优质黄瓜全产业链提质增效关键技术。

三、模式核心技术内容

（一）应用高效生态种植技术

1. 采用优质黄瓜新品种

重点采用具有耐寒性、高产、抗病毒等特性的德瑞特系列，德瑞特7号、德瑞特8号、德瑞特368等大黄瓜品种，以及少量推广综合抗病性好且具有减脂美容功效及高附加值的"功能性"黄瓜品种中农脆玉3号等。

2. 高光效群体宜机化栽培模式

推广以"宽行高畦"为主的高光效群体宜机化栽培模式，中下部中叶片光合有效辐射增加40%以上，最低气温升高2.5~3.0℃，空气湿度平均降低5%~10%，可大大提高黄瓜色泽及干物质积累。

3. "减氮增碳、多元复合"技术

针对温室黄瓜存在土壤连作障碍严重，肥料农药过量施用等问题，科学配比发酵粪肥、豆粕有机肥、发酵生物菌剂、木醋液，以及适量的中微量元素。基肥在黄瓜种植前10~15d将豆粕有机肥施入土壤中并充分翻耕混合，用量在300~500kg/亩；定植前，将植物源生物液体肥稀释50~100倍，然后喷施于土壤表面或灌入土壤中。黄瓜生长期间，每隔20d将植物源生物液体肥稀释200~300倍，喷施于叶面。

4. "混土施药，一施两防"技术

对杀线虫药剂施药不均匀导致的在田间对根结线虫病防效不稳定的问题，实施"混土施药，一施两防"病虫防治技术。在整地前将阿维菌素、氟吡菌酰胺等的液体制剂兑水稀释通过喷雾或固体的噻唑膦颗粒剂通过撒施方式均匀覆盖于地表，再通过旋耕，将药剂均匀混入深度20cm左右的土层中。旋耕后接着起垄，或不起垄种植。移栽深度为3~5cm。移栽后进行正常的灌溉等农事操作。通过混土施药技术主要解决现有阿维菌素等杀虫药剂施药不均匀导致的在田间对根结线虫病防效不稳定的问题，同时该技术还可以土表喷雾杀虫剂的同时，混合喷施吡唑醚菌酯等杀菌剂实现对根腐病等其他土传病害的兼治，实现"一施多防"的目标。

5. 植物蛋白病原钝化技术推广

专利D19的植物蛋白通过激活植物细胞内多条信号通路，有效提升植物保护蛋白的表达量，强化了植物细胞的自我保护能力，有效阻止病毒复制，从而抑制病毒在植物体内的扩增，是一种广谱性抗植物病毒生物制剂。用其预防病毒病，在发病前，稀释

1 000倍叶喷，每7~10d喷1次，连喷2~3次。若在发病初期使用，可稀释500~800倍叶喷，初期间隔3~5d喷1次，连喷3~4次，以后根据作物长势，可每5~7d喷1次。

(二) 应用高效加工增值技术

1. 黄瓜复合凝露加工技术

利用凝露加工技术，克服了传统黄瓜干制品工艺造成的风味和营养价值损失的问题。通过细胞液收集实现在将黄瓜烘干、生产干品的同时，回收含有大部分易挥发、可溶性物质的水分，并复配金银花、西兰花的凝露，形成功能饮品，节约资源，提高经济效益。

2. 多功能黄瓜复配粉加工技术

推广以冷冻干燥、喷雾干燥等技术为基础的高品质黄瓜粉，并复配西兰花粉、益生菌等多种核心营养元素，打造出健康果蔬粉产品。

第二节　山东寿光黄瓜产业联合体的创新实践

山东寿光，被誉为"中国蔬菜之乡"，通过实施"黄瓜产业联合体"模式，成功地将黄瓜产业从传统种植转型为全产业链的标准化、品牌化和智能化。例如，寿光市建立了全国蔬菜质量标准中心，启动了多项标准制定工作，并且通过智能玻璃温室等技术的应用，显著提升了黄瓜产业的生产效率和市场竞争力。这一模式不仅推动了本地蔬菜产业的升级，还为全国农业现代化提供了可复制的经验。

第八章 黄瓜全产业链提质增效模式构建

一、品种创新突破

寿光黄瓜产业的核心竞争力源自种业创新。20世纪90年代，寿光设施农业起步之初，国内黄瓜品种研发尚显滞后，主要依赖进口种子（如荷兰品种），导致成本高且适应性不强。通过联合科研机构与企业，寿光积极开展自主研发，逐步打破了受制于国外的局面。

（一）特色品种研发

仁禾种业成功培育出"托尼"系列无刺水果黄瓜，其长度超过25cm，抗病性提高30%，产量增长20%，推广面积已超1万亩。

（二）功能型黄瓜突破

中国农业科学院寿光蔬菜研发中心利用智能分子设计育种技术，开发出丙醇二酸含量为普通黄瓜810倍的"减脂黄瓜"，售价高1倍，显著提升附加值。

（三）种质资源储备

截至2023年11月，寿光已收集番茄、黄瓜等种质资源2.1万份，自主研发蔬菜品种已达178个，国产种子市场占有率由2010年的54%提升到现在的70%以上。

二、科技深度融合

寿光通过引入物联网、大数据、生物技术等，构建了覆盖全产业链的科技支撑体系。

（一）智能育苗与种植

海而思种苗公司开发的"种苗大脑",通过传感器实时监控温湿度、光照等参数,实现育苗自动化,能耗降低35%~40%,效率提升30%~35%。丹河设施蔬菜示范园采用气雾栽培、鱼菜共生等模式,土地利用率提高30%,产量增加50%。

（二）绿色生产技术

推广水肥一体化技术,动态调EC值,节水30%,减化肥20%。应用天敌昆虫防治技术,年繁育7亿头天敌,减农药70%。

三、标准化规范生产

（一）"六统一"模式

寿光"六统一"模式标准化生产,制定17项标准,涵盖育苗、采收、包装等,优质果率提升至85%。

（二）跨村联建与规模化经营

在山东省寿光市上口镇,景明共富园区通过整合西景明一村、二村等5个村的土地,新建了98个蔬菜大棚,亩产值从过去的2 000元提升至20 000元。同时,尧水新村农业产业园覆盖了周边10个村庄,年产蔬菜达到3万t,有效带动了1 500户村民在家门口就业。

（三）追溯体系完善

区块链技术实现"一品一码"溯源,扫码可查生长日志,溢价率提升15%。

四、联农带农机制

(一) 小农户融入现代农业

寿光通过组织创新和利益共享,破解小农户分散经营难题。

(二) "龙头企业+合作社+农户"模式

寿光蔬菜产业集团携手超80%的种植户,集中采购农资降成本15%,订单农业确保销售渠道稳定。

(三) 风险共担机制

引入价格指数保险,市场价低于成本价时自动赔付;合作社回馈种植户,将深加工盈利的10%用于支持种植户发展。

(四) 人才培育

设立40个'兴村治社好导师'工作室,培育'棚二代'返乡创业人才,如'90后'村支书夏英明,通过土地流转使亩收益倍增。

五、品牌与市场升级

寿光黄瓜通过品牌化与渠道升级,形成国内外双循环市场。

(一) 地理标志品牌建设

"寿光黄瓜"直供高端商超,售价比普通市场高出2.4元/kg,并出口韩国、俄罗斯等地,售价实现翻倍。

(二) 物流网络完善

地利农产品物流园年交易量450万t,村级田间市场1 600余处,形成"全国集散+村级网点"体系。

(三) 文旅融合探索

与新华联集团合作开发农文旅项目,打造农业主题公园、研学基地,延伸产业链价值。

寿光黄瓜产业联合体的成功,体现了"科技驱动标准化、组织创新联农富农、品牌引领市场化"的现代农业逻辑。其经验表明,传统农业通过全产业链整合与标准落地,不仅能实现提质增效,还可带动区域经济与乡村振兴协同发展。未来需进一步突破技术应用成本、跨区域适配性等瓶颈,推动"寿光模式"从"盆景"走向"森林",为中国农业现代化提供更广泛的实践样本。

第三节 "沂南黄瓜"生态共富模式探索

一、模式构建背景

临沂市黄瓜种植面积约为3.67万hm^2,其中设施黄瓜栽培面积超过2.0万hm^2,占山东省设施栽培黄瓜面积的约1/7。以沂南县为例,该地区是全国最大的黄瓜种植基地之一,2022年黄瓜种植面积达到0.973万hm^2,总产量26.8亿kg,总产值63亿元。主要分布在兰陵、沂南、莒南、沂水、兰山等县区,其中沂南县、兰陵县、兰山区是临沂市设施黄瓜的主产区。沂南县被誉为"中国黄瓜之乡",年种植面积达2.3万hm^2,1.47万hm^2为日光温室及大棚栽培。在2017年全国农产品品牌价值评估中,"沂南黄瓜"

以 29.22 亿元的品牌价值荣获全国区域公用农产品百强品牌第 57 位。"沂南黄瓜"拥有广泛的市场认可度和发展潜力,区域品牌的影响力在带动广大农户增收方面还有巨大的空间。沂南黄瓜通过集成绿色生产关键技术、产后品质保持技术,扩大加工利用渠道并加快提升"沂南黄瓜"产业链的效能,正在积极探索通过组建"沂南黄瓜产业生态共富联盟",强化地理标志品牌价值,其中"产业生态"体现全产业链(涵盖生产、流通、管理);"共富联盟"突出地方国企、农业科研推广机构、新型农业经营主体的开放式协作机制,兼具包容性与行动力,突出社会效益。

二、模式搭建

(一) 构建政府与市场协同推进的产业生态圈

探索建立沂南黄瓜产业联盟,形成"国企平台助力+地标品牌赋能+农业科技支撑+主体市场优势"的常态化协作机制,吸纳 30 家以上核心成员单位,由县产投公司牵头,联合投入品、农业设施、种苗、种植合作社、协会、流通市场、农业科技、检验检测、金融机构等单位成立产业联盟,建立联席会议制度,统筹协调推进产业发展,提升沂南黄瓜产业质效。

(二) 制定沂南黄瓜标准体系

(1) 智能化数据采集。联合企业向生产者提供低成本传感器租赁服务,优先覆盖 10 家示范合作社,监测土壤温湿度、光照、病虫害数据。

(2) 制定沂南黄瓜种植规程。品种+投入品减量增效+绿色防控,调结构、增产量、提品质、增效益。

(3) 建立"三位一体"标准推广体系

一是线下培训:通过举办田间操作考核比赛,如整枝打杈的标准化操作、病害识别的精准挑战，激发农民学习热情。同时，开设"数字黄瓜田间课堂"，邀请农业专家亲临现场，传授水肥一体化管理、AI 病虫害识别等前沿技术实操技巧。

二是线上赋能：开发"沂南黄瓜种植 AI 助手"微信小程序，集语音问答、视频教程于一体，还能智能推送异常预警信息，如连续阴雨天气自动提醒补光措施。此外，还精心制作了栽培技术小视频，通过线上平台广泛传播，助力技术普及。

三是数据驱动：合作社通过大数据平台查看自身执行评分（如"水肥匹配度指数"），生成个性化改进建议。评选 20 名"数字种植能手"，给予设备补贴奖励；开展沂南黄瓜"种植技术统一"专项行动。

（三）建立沂南黄瓜品牌标识体系

（1）区域公用品牌和企业品牌结合。利用良好生态和红色文化，打造"沂南数字黄瓜"认证标准。

（2）品质认证体系。制定《沂南数字黄瓜分级标准》等一系列技术标准，依据糖度、农药残留量、外观品质等多重指标，将黄瓜划分为 3 个等级，并对应不同的价格区间，以此推动区域品牌价值的提升，实现溢价销售。

（3）区域品牌营销。举办"中国沂南数字黄瓜节"，邀请媒体直播 AI 选瓜、无人机巡检等场景，强化科技标签。联合电商平台（如京东农场）推出"数字认证黄瓜"专属销售频道。设计统一包装视觉（如二维码溯源标签+数字黄瓜 IP 形象），进驻一线城市高端商超。

（四）建立全流程质量追溯体系

（1）"沂南数字黄瓜"认证标志。黄瓜采收时绑定唯一溯源码，消费者通过扫码即可查阅详细的种植过程数据，包括施药记录及环境达标情况等。委托第三方权威机构［如 SGS（通用公证行)]进行农残及营养指标的抽检,对于不合格产品,将严禁使用"沂南数字黄瓜"认证标志。

(2) App 完善。配套开发"黄瓜管家"这一轻量化功能模块,使农户能够实时接收种植建议等信息,从而有效提升产业数字化水平。

(3) 数据平台搭建。临沂市农业科学院牵头建立沂南黄瓜产业数据中心,整合生产、流通、市场数据,生成种植风险预警模型。实现联盟内50%以上合作社黄瓜种植基地物联网设备覆盖,建成沂南黄瓜全产业链大数据平台。

(4) 试点区块链溯源系统。推动沂南黄瓜从田间到商超的全程数据上链。

(5) 推动农资供应统一化。联盟集中推荐抗病种苗、生物有机肥,建立农资质量追溯码制度,杜绝假冒伪劣投入品。

附录一　温室大棚黄瓜生态调控防黄化技术

一、技术概述

(一) 技术基本情况

近两年，山东沂南、济阳、寿光、兰陵等黄瓜主产区陆续发生黄瓜叶片黄化死棵现象，造成温室大棚黄瓜提前一个多月拉秧，部分地块黄瓜尚未到结瓜期就开始叶片黄化，种植户不得不提前拔秧，损失较重。当前黄瓜叶片黄化对黄瓜产量造成了一定影响，但并非不可防治。在种植过程中只要采取好生态调控技术措施，可以较好地预防。

(二) 技术示范推广情况

温室大棚黄瓜生态调控防黄化技术已在沂南县辛集、苏村、依汶、湖头等黄瓜主产乡镇开展示范推广，2023年在辛集镇常胜庄、苏村镇仕子口取得很好的试验示范效果。截至目前，沂南县温室大棚黄瓜生产情况良好，未出现大面积的黄化现象。

(三) 提质增效情况

高抗逆性黄瓜种苗、科学的土壤改良、水肥管理、光照温湿度管控等措施的综合利用，能有效维持温室大棚黄瓜生长微环境的稳定，减少黄瓜病虫害和黄化的发生，减少瓜农损失 3 000~

10 000 元/亩，实现黄瓜产量和品质的双提升。

二、技术要点

1. 栽培设施提升改造

大棚在现有设施基础上，增加遮阳网，最好在高于棚膜 50cm 左右架设支架，降温效果好。要保证棚室通风口处遮阳网离开通风口一定距离（内挂或者外设均可），确保遮阳但不影响通风效果，田间有些农户在通风口外 1m 左右，稀疏的种植 1 行玉米等，遮阴缓冲效果良好，能够有效避免快速干燥引起的边株黄化。大拱棚最好采用中部棚顶通风模式，降温效果更好。在棚室各入口处及通风口处加装 60~80 目防虫网，可显著降低棚室内蓟马、白粉虱虫口基数。

2. 土壤改良

针对现在土壤酸化、板结、盐渍化重，调节能力差，氮磷钾超标，有机质、有益微生物、中微量元素不足的现状，每亩地铺施腐熟优质牛羊兔粪 10t，中微量肥 100kg，混合海藻生物菌肥 400kg 或者发酵生物菌剂 10kg，充分耙匀发酵 20d 左右，起垄作畦。严禁使用含盐量高的粪肥，不要施用氮磷钾复合肥料作底肥，可待大量结瓜期冲施补充。

3. 选用高抗性品种

选择前期耐低温、后期耐高温、抗强日照黄瓜品种和砧木品种，如德瑞特 7 号黄瓜接穗、博强 11 南瓜砧木等，提高栽培管理功效。

4. 瓜苗定植期管理

定植前配制药液蘸苗盘，药剂选用 25% 噻虫嗪水分散粒剂 10g+20% 咯菌腈悬浮剂 25mL+66.5% 霜霉威盐酸盐水剂 60mL+海藻酸肥料 30g 兑水 20L；定植后可每亩叶面喷雾 0.5% 几丁聚糖水剂 120mL+氨基酸水溶肥料 50mL+3% 中生菌素可湿性粉剂 80g+52.5%

噁酮·霜脲氰水分散粒剂25g，兑水30L；定植后第2～3天浇缓苗水，结合滴灌每亩冲施甲壳素、海藻酸、氨基酸、腐殖酸等肥料1～2kg，促进生根、加快缓苗、提高抗逆性。

5. 肥水管理

根据土壤、天气等情况及时进行浇水冲肥，沙壤地高温天气原则上隔天一水一肥，黏土地或有机质丰富、漏水慢的土壤，适当减少浇水。注意连续阴雨雪天后第一个晴天早晨要浇水，大量结瓜前冲施甲壳素、海藻酸、氨基酸、腐殖酸、生物菌肥等，每亩冲施1～2kg，10d左右1次，进入结瓜期配合钙肥冲施。浇水设施要同时设置滴灌和漫灌装置。3月之后，要适时采取漫灌的方式浇大水，增加土壤和棚内空气湿度，防治高温干旱情况的发生，创造黄瓜生长最佳微生态环境。

6. 温度光照管控

进入4月温度越来越高，要注意做好棚室温度的监测，采取加大通风、遮光、增加浇水次数和浇水量等措施，控制棚温；特别是刚转晴天或预报高温天气，要补充浇水降温；黄瓜适宜生长温度不得高于32℃，外界环境温度超过35℃时，及时采取降温措施。

7. 病虫害防治

根据实际情况做好病虫害防控，温室越冬茬、大棚早春茬、越夏茬、秋延迟茬特别注意蓟马、白粉虱的防控，可用20%呋虫胺可溶粒剂20g，兑水15L喷雾，高温天气，蓟马会到中下部叶片为害，导致黄化，注意观察防治。明确因病毒感染发生的黄化，注重烟粉虱防控，可用10%溴氰虫酰胺可分散油悬浮剂20mL，兑水15L喷雾，同时，增加氨基寡糖、几丁聚糖等药剂的使用。防治病害药剂慎重使用咪鲜胺、苯醚甲环唑等唑类生长抑制严重的药剂，每次喷雾杀虫、杀菌都要混用几丁聚糖、氨基寡糖及含有海藻酸、氨基酸、腐殖酸等高活性肥料，使叶片瓜条更黑、绿、靓，提高抗逆性。对于细菌性黄化（米黄点型），及时进行药剂防控，可选用20%噻森铜悬浮剂60mL+1%申嗪霉素悬浮剂40mL，兑水15L，全株喷雾。

三、适宜区域

该技术在沂蒙山区及周边地区适用。

四、注意事项

黄瓜黄化现象在田间表现形式多种多样，主要是由生理性异常，蓟马、粉虱危害和少量的细菌、病毒危害造成的。一旦发现黄化现象，要仔细分辨类型，确定发生的原因，采取相应的措施，对症防治。

五、技术依托单位和联系方式

单位名称：沂南县农业技术推广中心
联系地址：沂南县城澳柯玛大道68号
邮政编码：276300
联 系 人：董伟伟、张磊、刘本菊、王平、郝桂红
联系电话：0539-3221827
电子邮箱：ynscj2005@163.com

附录二 "混土施药,一施两防"蔬菜病虫防治技术

一、技术要点

对于垄上和垄坡种植模式:黄瓜、番茄和辣椒等蔬菜移栽前1~2d,将阿维菌素、氟吡菌酰胺等的液体制剂兑水稀释通过喷雾或固体的噻唑膦颗粒剂通过撒施方式均匀覆盖于地表,再通过旋耕,将药剂均匀混入深度20cm左右的土层中。旋耕后接着起垄,垄高25~30cm,垄宽20cm,垄间距为50~60cm。每两垄间预留80~100cm宽作为过道(图1),便于后期进行农事操作(图2)。将种苗定植于垄上或者垄坡(图3),栽植深度为3~5cm。移栽后进行正常的灌溉等农事操作。

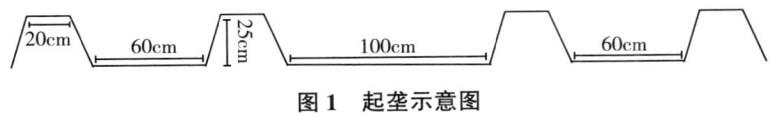

图1 起垄示意图

对于畦底种植模式:做好畦后,将阿维菌素、氟吡菌酰胺等液体制剂兑水稀释通过喷雾或固体的噻唑膦颗粒剂通过撒施方式均匀覆盖于畦面土表,再通过旋耕,将药剂均匀混入深度20cm左右的土层中,最后将种苗定植于畦中,栽植深度为3~5cm。移栽后进行正常的灌溉等农事操作。

通过混土施药技术主要解决现有阿维菌素等杀线虫剂施药不均匀导致的在田间对根结线虫病防效不稳定的问题,同时该技术还可

土表喷雾　　　　旋耕混土　　　　起垄移栽

图 2　农事操作

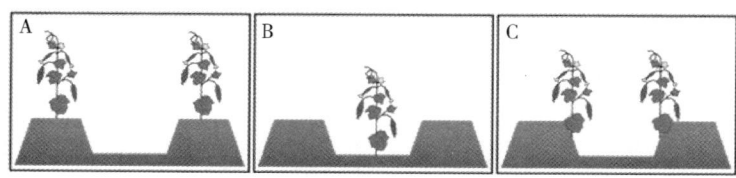

图 3　种植模式示意图
A：垄上种植；B：沟底种植；C：垄坡种植

以土表喷雾杀线虫剂的同时混合喷施吡唑醚菌酯等杀菌剂实现对根腐病等其他土传病害的兼治，实现"一施多防"的目标。

二、适宜区域

结合种植模式，该技术适于垄上、沟底、垄坡等种植模式的栽培地区（图2）。

三、注意事项

（1）建议整地施药后 1~2d 内移栽。

（2）推荐旋耕机前进速度为 0.3~0.4m/s，以保证杀线虫剂能够在土壤中得到充分混合，条件允许情况下建议旋耕2遍。

四、推荐药剂

药剂名称	亩用药量	土表喷雾用水量/（L/亩）	混土深度/cm	用药时间
5%阿维菌素（悬浮剂/乳油）	1 000~2 000mL	30~45	15~20	移栽当天或前1d
41.7%氟吡菌酰胺	100~150mL	30~45	15~20	移栽当天或前1d
5%噻唑膦颗粒剂	4 000~5 000g	—	15~20	移栽当天或前1d

附录三　D19使用方法简介

D19是海洋微生物来源抗病毒生物农药,其核心成分源于海洋放线菌(编号:D19)的次级代谢产物,通过激活植物免疫系统抑制病毒复制与扩散。

一、适用场景与防治对象

适用作物:烟草、小麦、水稻、蔬菜(番茄、辣椒、黄瓜等)、瓜果(西瓜、草莓等)及中药材(如人参、金银花)。

防治病害:烟草花叶病毒(TMV)、黄瓜花叶病毒(CMV)、黄化曲叶病毒等。

辅助防控:通过增强植物免疫力,也可间接降低真菌性病害(如白粉病)发生率。

二、使用方法与剂量

1. 叶面喷施

稀释倍数:预防性使用 800~1 000 倍稀释(有效成分浓度 0.1~0.15 g/L);发病初期或重灾区按 500 倍稀释(有效成分浓度 0.2 g/L)。

施用频率:每 7~10 d 喷施 1 次,连续 2~3 次,叶片正反面均匀覆盖。

最佳时间:避开高温强光时段,建议清晨或傍晚喷施以增强吸收效率。

2. 灌根处理

稀释倍数：500 倍稀释（有效成分浓度 0.2g/L）。

用量：每株作物灌根 100~200mL，每亩用量约 200~300L。

适用场景：土壤传播病毒高发区或苗期系统性预防。

3. 种子处理

浸种：稀释 1 000 倍液浸种 30min，晾干后播种。

包衣：按种子重量 0.5%~1% 添加 D19 菌剂，混合后阴干。

三、技术优势

非化工合成，无毒无残留，符合绿色农业标准；一次施用保护期可达 14~21d，减少重复施药成本。

四、注意事项与安全防护

混用禁忌：不可与强酸、强碱性农药（如波尔多液、石硫合剂）混用，建议间隔 48h 以上；可协同弱酸性叶面肥（如氨基酸、鱼蛋白）使用，增强营养吸收。

安全操作：需佩戴手套、口罩，避免直接接触皮肤或吸入雾滴；孕妇、哺乳期妇女及过敏体质者禁止接触。

储存条件：阴凉避光保存，温度≤30℃，开封后需密封并于 30d 内用完。

附录四 设施黄瓜"高畦宽行"高光效群体宜机化栽培技术

一、技术要点

(一)整地前准备

整地前将日光温室或大棚彻底清理干净。若土壤干旱,可先浇一次水。待墒情合适时,施足底肥,深耕25cm左右,然后耙细整平土壤。

(二)作畦

按照中心间距160cm做高畦,高畦规格为底宽60~70cm、顶宽55~65cm、高20~25cm,畦间走道宽90~100cm,整平高畦畦面和畦间走道(图1至图3)。每畦定植两行黄瓜,行距50~55cm,株距26~28cm,每亩栽植3 000~3 200株。

(三)铺设滴灌带

按30cm间距在高畦畦面上平行铺设2条适宜规格的滴灌带,然后覆盖地膜,并将地膜两侧压实(图4)。

(四)定植

在畦面上双行定植黄瓜秧苗,每亩栽植3 000~3 200株。定植

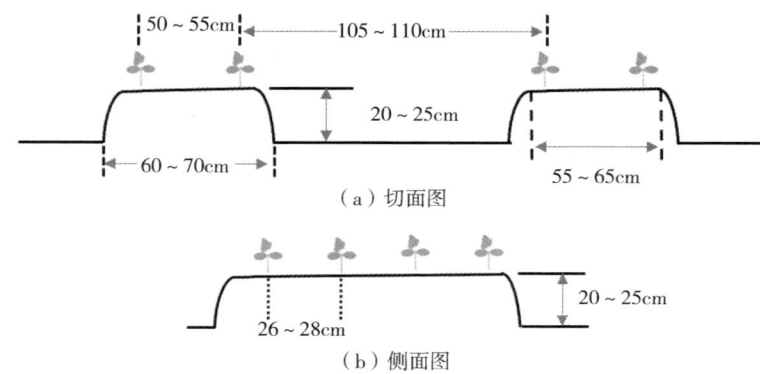

图1 设施黄瓜"高畦宽行"高光效种植模式示意图

图2 塑料大棚南北行向高畦制作

小行距45~50cm,株距26~28cm。定植后透水,并在畦间走道上铺1cm左右厚的稻壳或麦穰。

(五)定植后管理

定植后按常规方法进行温室或大棚内环境调控、浇水、追肥、植株调整、病虫害防控等。移栽前整地、做畦、覆膜、移栽,以及

附录四 设施黄瓜"高畦宽行"高光效群体宜机化栽培技术

图 3 日光温室黄瓜南北行向"高畦宽行"栽培植株

图 4 日光温室南北行向高畦宽行定植

移栽后的环境调控、植保、水肥管理和植株调整等尽可能采用机械化作业,有条件的可逐步使用环境智能调控系统,推进设施环境智能调控和精准管理。

二、适宜区域

该技术适宜在黄淮海地区日光温室和塑料大棚黄瓜生产中推广应用。

三、注意事项

为了推动设施蔬菜机械化生产进程，提升农业现代化水平，应选择跨度 10m 以上，适于机械化管理的标准化日光温室和塑料大棚。

附录五 我国禁止使用和限制使用的农药目录

一、全面禁止使用的农药目录

六六六、滴滴涕、毒杀芬、二溴氯丙烷、杀虫脒、二溴乙烷、除草醚、艾氏剂、狄氏剂、汞制剂、砷类、铅类、敌枯双、氟乙酰胺、甘氟、毒鼠强、氟乙酸钠、毒鼠硅、甲胺磷、对硫磷、甲基对硫磷、久效磷、磷胺、苯线磷、地虫硫磷、甲基硫环磷、磷化钙、磷化镁、磷化锌、硫线磷、蝇毒磷、治螟磷、特丁硫磷、氯磺隆、胺苯磺隆、甲磺隆、福美胂、福美甲胂、三氯杀螨醇、林丹、硫丹、溴甲烷、氟虫胺、杀扑磷、百草枯、2,4-滴丁酯、甲拌磷、甲基异柳磷、水胺硫磷、灭线磷、灭蚁灵、氯丹、氧乐果、克百威、灭多威、涕灭威。

其中甲拌磷、甲基异柳磷、水胺硫磷、灭线磷自2024年9月1日起全面禁用。溴甲烷仅限用于"检疫熏蒸处理"。

二、限制使用的农药目录

农药名称	限制使用范围
内吸磷、硫环磷、氯唑磷	禁止在蔬菜、瓜果、茶叶、中草药材上使用。
乙酰甲胺磷、丁硫克百威、乐果	禁止在蔬菜、瓜果、茶叶、菌类和中草药材上使用。

（续表）

农药名称	限制使用范围
毒死蜱、三唑磷	禁止在蔬菜上使用。
丁酰肼（比久）	禁止在花生上使用。
氰戊菊酯	禁止在茶叶上使用。
氟虫腈	禁止在所有农作物上使用（玉米等部分旱田种子包衣除外）。
氟苯虫酰胺	禁止在水稻上使用。
克百威、甲拌磷、甲基异柳磷	禁止在甘蔗作物上使用。
C型肉毒梭菌毒素等鼠药	仅限用于鼠害防控，禁止用于其他方面。